仿生变体翼梢小翼驱动技术

李伟 著

国防工业出版社

·北京·

内 容 简 介

本书介绍了可变体翼梢小翼的相关知识和基本设计方法。全书分为6章。第1章介绍了变体机翼的研究背景和国内外研究现状,并重点介绍了变体翼梢小翼的研究价值;第2章系统阐述了变体翼梢小翼的变形方式和变形范围,为变体翼梢小翼驱动机构的设计指明了方向;第3章、第4章和第5章分别详细介绍了变高度、变倾斜角和高度倾角复合变形的翼梢小翼驱动机构设计方案,并验证了方案的可行性及气动收益;第6章总结了几种设计方案的优缺点,并对未来的研究进行了展望。

本书可作为飞机设计和研究人员以及航空院校师生的参考书。

图书在版编目(CIP)数据

仿生变体翼梢小翼驱动技术/李伟著. —北京:
国防工业出版社,2021.8
ISBN 978-7-118-12313-5

Ⅰ.①仿… Ⅱ.①李… Ⅲ.①飞机-设计-机翼-研究 Ⅳ.①V22

中国版本图书馆 CIP 数据核字(2021)第 106561 号

※

国防工业出版社出版发行
(北京市海淀区紫竹院南路23号 邮政编码100048)
北京虎彩文化传播有限公司印刷
新华书店经售
*
开本710×1000 1/16 印张7¾ 字数132千字
2021年8月第1版第1次印刷 印数1—1000册 定价38.00元

(本书如有印装错误,我社负责调换)

国防书店:(010)88540777 书店传真:(010)88540776
发行业务:(010)88540717 发行传真:(010)88540762

前　言

　　减阻是飞机设计的主要任务之一,翼梢小翼能有效降低飞机的诱导阻力。传统翼梢小翼仅面向巡航状态优化,而在起飞、爬升等非设计状态的减阻效率较低。针对该问题,本书研究了一种可变高度和倾斜角的变体翼梢小翼,能根据飞机的飞行状态主动改变自身的高度和倾斜角,实现整个飞行包线内实时优化飞机阻力特性的目的。

　　本书的研究工作重点围绕以下三方面进行:

　　首先,研究了变体翼梢小翼的变形方式和变形范围问题。翼梢小翼的参数类型较多,各参数对小翼减阻效率的影响程度也不同,变体翼梢小翼应改变哪些参数,以及这些参数在什么范围内变化,是研究变体翼梢小翼面临的首要问题。针对变形方式问题,本书采用 Plackett-Burman 试验设计分析了小翼的各类几何参数对减阻效率的影响程度,筛选出对小翼减阻效率影响最大的关键参数,以此为依据指出了变体翼梢小翼的变形方式。在此基础上,采用响应曲面设计得到了小翼的关键参数在起飞、爬升和巡航阶段的最佳值,确定了小翼关键参数的变形范围。研究结果表明,翼梢小翼的高度和倾斜角是影响其减阻效率的关键参数,因此变体翼梢小翼应该通过改变高度和倾斜角的方式来提高起飞、爬升阶段的减阻效率。

　　其次,研究了变体翼梢小翼的驱动技术。以变体翼梢小翼的变形方式和变形范围为依据,本书提出了三种驱动机构——用于变高度翼梢小翼的伸缩栅格、用于变倾角翼梢小翼的主动弯曲梁,以及用于高度和倾斜角复合式变形的差动式伸缩栅格。通过数值模拟和模型实验研究了三种驱动机构的运动特性,推导了机构的运动方程,并研究了相应的控制方法。研究结果显示,三种驱动机构可以实现变体翼梢小翼所需的变形动作。

　　再次,研究了变体翼梢小翼的气动收益问题。本书采用计算流体力学(CFD)与风洞试验相结合的方法,分析了变体翼梢小翼变形前与变形后对机翼展向载荷分布、翼梢尾涡流场控制、机翼的升阻力和翼根弯矩的影响。研究结果表明,变体翼梢小翼不仅能显著改善飞机起飞阶段的气动效率,还能进一步削弱翼尖尾涡强度。其中,变高度的变形方式获得的气动收益最大,高度和倾斜角复合式变形获得的气动收益次之,而变倾斜角的变形方式获得的气动收益最小。但是,三种变形方式都会引起气动载荷向机翼翼尖区集中,带来额外的翼根弯矩增量,因此必须保证变形幅度不得超过预设的变形范围,否则会损害机翼结构的安全。

本书在编著的过程中得到了南京航空航天大学熊克教授的指导和帮助,特此致谢。

由于本书编著时间有限,不妥之处在所难免,恳请广大读者批评指正。

李 伟

2020 年 8 月

目　录

第1章 绪 论

1.1 研究背景

2006 年,国务院公布了《国家中长期科学和技术发展规划纲要(2006—2020 年)》,将大型飞机列为"未来 15 年力争取得突破的 16 个重大科技专项"之一。研制大型飞机是党中央、国务院在新世纪做出的重大战略决策,也是建立创新型国家的标志性工程。不仅能解决制约社会经济发展的重大瓶颈问题,还能有效带动我国高新技术产业的发展,实现产业结构的优化升级[1]。国产大飞机项目的近期目标是实现型号研制成功,在确保安全性、突出经济性、提高可靠性、改善舒适性、强调环保性的前提下,争取让中国的大飞机早日翱翔蓝天;国产大飞机项目的最终目标是实现商业成功,力争在国内外占有一定的市场份额。

从产业可持续发展的角度来看,实现商业成功是国产大飞机项目的重中之重。然而,现代民机市场的竞争异常激烈,尤其是在波音和空客双寡头垄断全球大型干线客机市场的情况下,国产大飞机要想在国际市场占有一席之地,必须具备有竞争力的经济性[2-4]。特别是在当前国际航油价格不断攀升,以及欧盟即将针对航空运输企业征收碳排放税的背景下,各国航空公司迫于成本压力对飞机制造商提出了更高的要求,如何降低飞机的使用成本成为越来越重要的问题,同时也是各大飞机制造商亟需解决的难题。纵观人类科技发展史,历来是机遇与挑战并存,这个难题对于国产大飞机而言是打入市场的绝佳机遇,只有加大投入研制出更经济、更环保的飞机才能获得市场的认可,同时也是国产大飞机项目实现商业成功的必由之路。

民用运输机通常采用直接使用成本(DOC)来衡量其经济性。直接使用成本取决于飞机和发动机的研制费用、使用年限、维修费用、燃油费用、机组费用、飞机年利用率和日出勤率、载荷系数等。在其他条件大体相同的情况下,判断一架飞机是否具有较高的经济性取决于同一航线条件下飞机的耗油量,这与巡航因子 MaK_{max}/SFC 直接相关。如果采用耗油率 SFC 处于同等水平的发动机,飞机的巡航马赫数 Ma 和巡航升阻比 K 的乘积(代表了该民用运输机的空气动力效率)就决定了燃油消耗量的大小,而巡航马赫数 Ma 和巡航升阻比 K 由飞机机

1

翼的气动布局决定[5]。正是由于这个原因,不断提高民用运输机的气动效率,采用多种手段降低巡航阶段的激波阻力、摩擦阻力、诱导阻力和干扰阻力,一直是飞机设计师长期努力的目标,由此诞生了后掠翼、超临界机翼、翼梢小翼、机翼/吊挂/发动机短舱紧凑式布局等先进技术。

对大型飞机而言,诱导阻力是总阻力的重要组成部分,其在巡航阶段约占总阻力的40%[6],因此减小诱导阻力对节约油耗和降低飞机的使用成本具有重要意义。1976年,美国NASA兰利研究中心的R.T.Whitcomb发明了翼梢小翼,能有效降低飞机在巡航状态的诱导阻力[7]。同年,美国波音公司的K.K.Ishimitsu首次将翼梢小翼安装在KC-135空中加油机上,并进行了大量的飞行试验,如图1.1所示。飞行数据表明,安装翼梢小翼后飞机的总阻力降低了7.2%,升阻比提高8%,相当于油耗减少9%,或者航程增加640km。若在整个机队推广可累计节约燃油3050万L,按1980年的油价计算,在飞机的使用寿命期内可以累计节省5亿多美元的燃油费,可见翼梢小翼具有显著的经济效益[8-9]。此外,翼梢小翼还能提高飞机的起飞和爬升性能,飞行员只需较低的油门杆位就能达到正常的起飞性能,有利于降低起飞阶段的发动机噪声,减少发动机磨损,延长发动机的使用寿命[10-11]——这对于航空公司而言意义重大,因为发动机的价格十分昂贵,减少发动机磨损可以显著降低维修成本[12]。正是由于翼梢小翼的诸多优点,这种简单有效的减阻措施迅速被多家飞机制造商采用,陆续推出了多种配备翼梢小翼的机型,如DC-10、MD-11、波音B737-800、B747-400、B737MAX、空客A320neo、A330、A340、A350、A380、图204、伊尔96-300等。

图1.1　KC-135的翼梢小翼

目前常用的翼梢小翼主要包括两类:第一类是上单小翼布局,如波音B737-800的融合式小翼。这种布局的小翼通常具有一定的外倾角,优点是能产生额外的附加升力,但会引起较大的翼根弯矩,给机翼结构带来不利影响。第二类是

2

上下双小翼布局,也称为翼梢涡扩散器,如空客 A380 的小翼。这种布局的小翼一般垂直于机翼平面,因此无法产生附加升力,但引起的翼根弯矩较小,对机翼结构的影响也较小。图 1.2 为两种不同类型的翼梢小翼示意图。

（a）波音B737-800的翼梢小翼

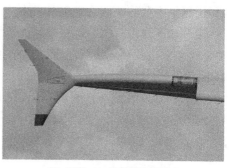

（b）空客A380的翼梢涡扩散器

图 1.2　翼梢小翼的分类

　　虽然翼梢小翼具有上述优点,但是它仅针对巡航状态设计,而在起降和爬升状态的减阻效率并非最佳。这是因为当机翼的展弦比一定时,诱导阻力系数与升力系数的平方成正比,而飞机的升力系数在整个任务剖面内是不断变化的。当飞机处于高速巡航状态时,升力系数相对较低,因此诱导阻力系数也相对较小;而当飞机处于起飞、爬升等低速大迎角状态时,升力系数水平较高,此时诱导阻力系数相对巡航状态有较大提升。以大型飞机为例,它的诱导阻力在巡航状态约占飞机总阻力的 40%,而在起飞、爬升阶段所占比重更大,达到 50% ~ 70%[6,13],图 1.3 显示了诱导阻力与飞行速度的关系[13]。

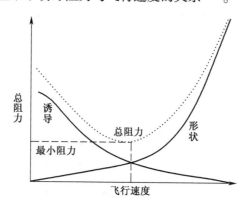

图 1.3　诱导阻力与飞行速度的关系

　　波音公司对 KC-135 翼梢小翼的评估报告表明,翼梢小翼在巡航阶段可将

3

全机的阻力系数降低 7.2%,而在起飞阶段这一数据降为 4.1%,在爬升阶段仅为 2.5%[14]。由此可见,仅针对巡航状态设计的翼梢小翼在起飞、爬升等非设计状态的减阻效率较低。通常,大型飞机在起飞、爬升阶段的耗油率远大于巡航阶段,翼梢小翼的缺点在此阶段更加凸显。特别对于短距离航线而言,由于起飞、爬升和下降占总航时的比重较大,而巡航阶段需时较少,安装翼梢小翼导致的结构增重以及额外的浸润面积和寄生阻力将会抵消小翼的气动收益,在一定程度上降低了翼梢小翼的经济效益。针对该问题,深圳航空公司专门进行过统计,数据详见表 1.1[15]。可以看出翼梢小翼的节油率与航线距离成正比,只有在长距离航段才能充分发挥翼梢小翼的减阻效果。

表 1.1　航程对翼梢小翼节油效果的影响(以波音 737-800 为例)

航段	节油率
深圳—海口(525km)	3.6%
深圳—武汉(950km)	5.3%
深圳—北京(1912km)	6.7%

此外,大型客机的机翼在起飞和着陆状态会产生一对高强度的气流旋涡(也称为翼梢尾涡),这种气流旋涡需要 2~3min 才能完全耗散。在旋涡没有完全耗散之前,后续跟进的飞机将受到严重影响而发生激烈滚转或猛烈下降,较小型的飞机甚至会翻滚坠地。据统计,从 1972 年到 1990 年美国共发生 51 起因尾涡导致的事故,其中 27 起导致人员死亡,40 起导致飞机损伤[16]。出于安全考虑,每架飞机放飞和着陆的时间间隔必须大于 2min,极大地制约了机场跑道的利用率。当今世界各大枢纽机场的航班延误已经成为影响航空运输发展的瓶颈,为了改善这种状况,在提高空中交通流量管理效率的同时,缩减尾流间隔、增大跑道容量也是一种重要的解决途径[17]。传统翼梢小翼虽然具有耗散翼尖涡的作用,但它的几何参数主要针对巡航状态优化,而在起飞阶段对尾涡的耗散效率并非最佳。

针对传统翼梢小翼在起飞、爬升等非设计状态减阻效率较低的不足,近年来出现一种变体翼梢小翼概念,它能根据飞机的飞行状态主动改变自身的几何参数和布局方式,不仅能提高飞机的巡航性能,还能有效改善飞机在起降、爬升阶段的低空低速性能,从而进一步优化飞机的燃油经济性。此外,变体翼梢小翼还能最大限度削弱起飞阶段的尾涡强度,有利于增进机场空域安全,提高跑道的放飞频率和利用率。对于日趋紧张的机场空域资源而言,变体翼梢小翼的特点决定了其具有较大的工程应用价值。

1.2 国外研究现状

变体翼梢小翼的相关研究最早可追溯到 1951 年,美国 NASA 兰利研究中心的 C. W. Martz 在三角翼的翼尖安装了活动式翼梢装置,将其作为升力控制面和滚转控制面,相关的研究成果引起了广泛关注[18-19]。随后,包括美国、英国、法国、德国、巴西、葡萄牙等国家的学者,以及波音公司和空中客车公司在内的一批航空科研机构对变体翼梢小翼的空气动力学特性、关键参数筛选、变形方式选择、驱动机构设计等进行了一系列的研究,并取得较大的进展。

1.2.1 空气动力学特性

在气动特性方面,美国 Georgia Institute of Technology 的 Andrew Shelton 在"龙眼"无人机(RQ-14)上安装了变体翼梢小翼,结果表明变体翼梢小翼对巡航状态的升阻比影响较小,而对低速高升力状态的升阻比有一定的提升作用。此外,变体翼梢小翼还能将无人机的有效载荷提高 30%,可使无人机装载更多的传感器,提高战术侦察能力;也可以携带容量更大的电池,增加航程和续航时间[20]。巴西 Sao Paulo 大学的 F. M. Catalano 等通过风洞试验研究了变体翼梢小翼对矩形机翼气动特性的影响,结果表明变体翼梢小翼能在整个飞行包线内优化飞机的气动特性,尤其是在低速大迎角状态,变体翼梢小翼带来的气动收益更大[21]。空中客车公司与英国 Bristol 大学联合开展了"MORPHLET"研究项目,通过计算流体力学(CFD)与风洞试验相结合,研究了变体翼梢小翼对飞机气动性能的影响。研究结果表明,当飞机处于低速飞行状态时,变体翼梢小翼能增加机翼升力;而当飞机处于高速飞行状态时,变体翼梢小翼能减小机翼的诱导阻力[22]。与传统翼梢小翼相比,变体翼梢小翼能将飞机的气动效率提高 3%,航程增加 5%[23]。葡萄牙 Tecnica de Lisboa 大学的 Luis Falcao 等采用 CFD 研究了变体翼梢小翼对无人机气动性能的影响。结果表明,变体翼梢小翼可将无人机的最大升力系数提高 25%,阻力系数降低 4%,地面滑跑距离降低 20%[24]。

在翼梢涡流场控制方面,AndrewShelton 采用粒子成像测速(PIV)实验研究了变体翼梢小翼对翼梢尾涡流场的影响。研究结果显示,变体翼梢小翼对翼梢尾涡的耗散效率比传统小翼更高,尾涡流线之间的相互缠绕现象几乎消失[20]。F. M. Catalano 等利用热线风速仪测量了变体翼梢小翼对翼梢尾涡流场的影响。结果表明,变体翼梢小翼能显著降低翼梢尾涡强度,并使涡核远离机翼,从而削弱翼梢涡对机翼的下洗作用,有利于降低机翼的诱导阻力[21]。Luis Falcao 和德国 Saarland 大学的 Christian Boller 也分别采用 CFD 研究了变体翼梢小翼对翼梢尾涡的影响,结果表明变体翼梢小翼对翼梢尾涡的耗散能力优于传统小翼[24-25]。

在飞行控制和操稳特性方面,变体翼梢小翼能产生滚转力矩和偏航力矩,不仅有望取代副翼等传统气动舵面,控制飞机实现俯仰和偏航机动[18-19,26],还能提高飞机的抗侧风能力和操纵稳定性[20]。

1.2.2 关键参数筛选

翼梢小翼的几何参数类型较多,每种参数对气动性能的影响程度也各不相同,只有筛选出翼梢小翼的关键参数,才能确定变体翼梢小翼的最佳变形方式(即只需改变小翼最关键的参数,以最小代价获得最大的气动收益)。针对翼梢小翼的关键参数筛选,各国学者进行了深入的研究,但目前还未形成统一的结论。例如,波音公司的 K. K. Ishimitsu 认为高度和倾斜角是对翼梢小翼减阻效果影响最大的关键参数[8];Gates Learjet 公司的 Norm Conley 通过飞行试验得出安装角是翼梢小翼的关键参数,直接关系小翼的减阻效果,并对小翼与机翼连接处的气流分离有较大影响[27];加拿大 McGill 大学的 P. Gerontakos 认为小翼的倾斜角对翼梢尾涡耗散效率的影响最大[28];日本三菱重工的 Takenaka 利用数学模型得出小翼的高度对诱导阻力影响最大,而小翼的倾斜角对波阻的影响最大[29]。综上所述,影响翼梢小翼性能的关键参数包括高度、倾斜角、安装角。

1.2.3 变形方式选择

公开发表的文献显示,目前已有的几种变体翼梢小翼方案主要采用三种变形方式:变倾斜角、变安装角和变前缘后掠角[26,30-31]。从空气动力学的角度看,倾斜角和安装角都是翼梢小翼的关键参数,选择这两种变形方式具有一定的合理性。而可变前缘后掠角的翼梢小翼主要用于提高地效飞行器的安全,避免小翼与地表发生碰撞。从工程的角度来看,这三种变形方式所需的驱动技术相对简单,更易于工程实现,可行性更高。

但是,翼梢小翼的高度也是影响气动性能的关键参数,变体翼梢小翼采用变高度的变形方式能否达到更好的减阻效果,以及如何实现这种变形方式,还有待进一步的研究。

1.2.4 驱动机构设计

目前,变体翼梢小翼的驱动技术还处于探索阶段,已开发的驱动技术主要是为了实现变倾斜角、变安装角和变前缘后掠角,而有关变高度翼梢小翼的驱动技术还未见报道。

在可变倾斜角翼梢小翼的驱动技术方面,麦克唐纳·道格拉斯公司的 J. B. Allen 和空中客车德国公司的 Werthmann 分别提出了一种倾斜角可动态变化的变体翼梢小翼结构,采用液压作动筒实现变形动作,整个驱动系统与舰载机的折叠翼系统类似[32-34]。英国 Bristol 大学采用伺服电机作为驱动器,通过连杆传动,控制翼梢小翼倾斜角的动态变化[35-36],并建立了变体翼梢小翼的动力学模型[37-38]。此外,为了保持变形部分气动表面的连续性,还用 Kevlar® 制作了可弯曲变形的柔性波纹蒙皮[39]。美国 Georgia Institute of Technology、德国 Saarland 大学、法国的 Bernard Barrietyd 等也采用类似的驱动技术,实现翼梢小翼倾斜角的动态变化[20,25]。巴西 Sao Paulo 大学采用伺服电机驱动圆柱套筒机构,能实现翼梢帆片倾斜角的动态变化[21]。图 1.4 为可变倾斜角翼梢小翼的驱动机构原理图。

在可变安装角的翼梢小翼驱动技术方面,K. W. Goodson 发明了一种多杆联动机构,通过主动杆带动从动杆,能同时改变翼梢帆片的倾斜角和安装角[40]。葡萄牙 Tecnica de Lisboa 大学研制了一种变体翼梢小翼,采用双电机作为驱动器,能同时改变翼梢小翼的倾斜角和安装角[24]。美国波音公司提出了一种基于形状记忆合金(SMA)板和 SMA 扭力管的变体翼梢小翼概念。在翼梢小翼与主机翼连接部位埋入 SMA 板和扭力管作为驱动源,通过施加激励电流使其升温,当温度超过 SMA 材料的相变温度时,SMA 板和扭力管即可产生弯曲力矩和扭矩,从而实现翼梢小翼倾斜角和安装角的动态变化。此外,为了精确控制小翼倾斜角和安装角的变化,还开发了相应的闭环控制系统[30]。图 1.5 为变倾斜角和变安装角驱动系统的结构示意图。

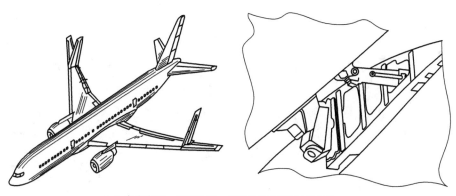

（a）麦克唐纳·道格拉斯、空客的变体翼梢小翼概念

（b）Bristol大学研制的变体翼梢小翼

（c）Georgia Institute of Technology的变体翼梢帆片

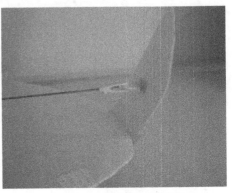

（d）Saarland大学的变体小翼方案

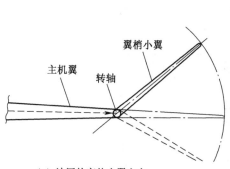

（e）法国的变体小翼方案　　　　　　　　（f）Sao Paulo大学的变体翼梢帆片

图1.4　可变倾斜角翼梢小翼的驱动技术方案

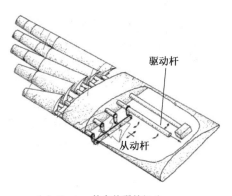

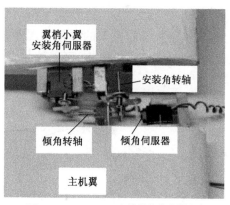

（a）Goodson的变体翼梢帆片　　　　　　（b）Tecnica de Lisboa大学的变体小翼方案

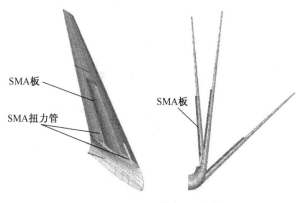

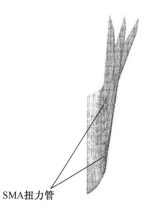

（c）波音公司的变体翼梢小翼方案

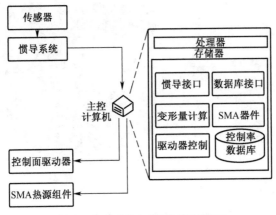

（d）变体翼梢小翼的控制系统框图

图 1.5　变安装角翼梢小翼的驱动技术方案

　　在可变前缘后掠角的翼梢小翼驱动技术方面,波音公司的 Z. C. Hoisington 提出了一种螺杆旋转机构,可以控制小翼的前缘后掠角动态变化,驱动机构如图 1.6所示。

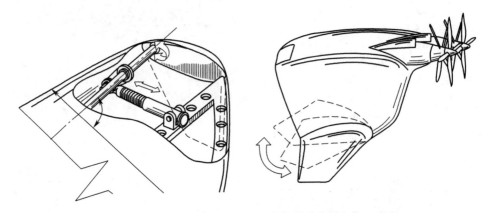

图 1.6　可变前缘后掠角的变体翼梢小翼方案

　　在变高度翼梢小翼的驱动技术方面,虽然还未见公开报道,但在变体机翼领域对翼展可变的伸缩式机翼已有一定研究,相关研究成果具有一定的借鉴作用。例如,美国 Maryland 大学的 J. E. Blondeau 开发了一种伸缩式机翼结构,采用气动元件代替机翼的翼梁,通过气泵产生的压缩空气做功,能使机翼沿翼展方向产生伸缩运动[41],见图 1.7。这种驱动机构的优点是结构简单、易于维护;工作介质是空气,成本低廉,而且不会污染环境;此外气动马达的控制方法成熟,输出力

10

以及工作速度易于调节。但是,由于空气具有压缩性,气缸的作动速度易受负载的变化而变化。特别在低速运动时,由于摩擦力占推力的比重较大,气缸的低速稳定性较差。另一方面,系统必须通过气泵输入压缩空气才能工作,而翼梢小翼内部空间有限,极大地制约了在小翼内部安装气泵和压力管路。葡萄牙Universidade da Beira Interior 的 J. Felício 设计了一种齿轮齿条机构,安装在中央翼盒内部,能实现机翼的展向伸缩运动[42],见图 1.8。这种驱动机构的优点是传动平稳,传动比精确,传动效率高。但所需的安装空间较大,不适合用于变体翼梢小翼。

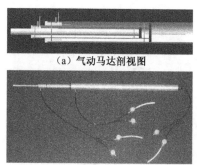
（a）气动马达剖视图

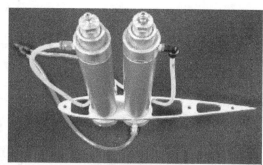
（c）伸缩式机翼的驱动系统

（b）气动马达

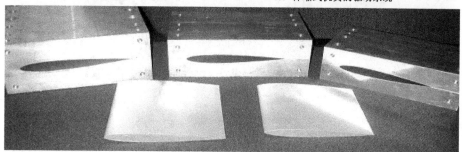
（d）伸缩式机翼盒段

（e）初始状态

（f）最终状态

图 1.7　Maryland 大学的伸缩机翼方案

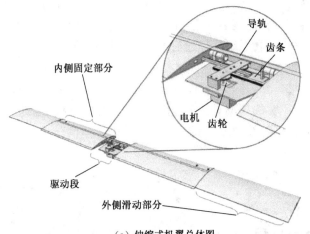

（a）伸缩式机翼总体图

（b）齿轮齿条传动机构

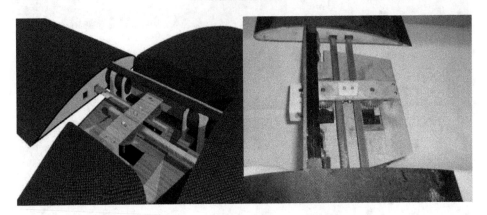

（c）安装示意图

（d）变形前后对比

图 1.8 葡萄牙 Universidade da Beira Interior 的伸缩机翼方案

Hypercomp/NextGen 航空技术公司提出一种平行四边形机构,通过改变其邻边夹角实现机翼翼展方向的伸缩运动。试验证明,采用这种机构可将翼展改变 30%[43-45],结构原理见图 1.9。

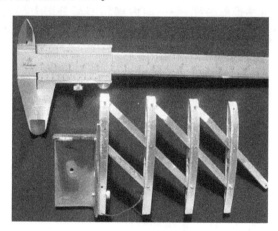

图 1.9 平行四边形机构

1.3 国内研究进展

国内学者也对变体翼梢小翼开展了研究,研究工作主要集中在变体翼梢小翼的空气动力学特性、关键参数筛选、变形方式选择等方面,而有关变体翼梢小翼的驱动机构研究还未见公开报道。

13

1.3.1　空气动力学特性

北京航空航天大学的左林玄等通过风洞试验研究了可变倾斜角的翼梢小翼对无尾飞翼布局飞机气动特性的影响[46]。研究结果表明,变倾角小翼对机翼的升力影响较小,但对小攻角状态的阻力影响较大,会降低全机的最大升阻比。此外,变倾角小翼单侧作动还能提供额外的偏航力矩、滚转力矩和俯仰力矩,但和小翼自身产生的侧向力是弱耦合的。变倾角小翼同步作动的纵向特性和单侧作动规律相似,但对纵向特性的影响程度更大,因此比较适合作为阻力操纵面。

冯立好等通过风洞测力实验,对比了变倾角小翼与传统操纵面的单侧作动和同步差动对无尾飞翼布局飞机横航向气动特性的影响[47]。结果表明,变倾角小翼单侧作动会减小全机的升力系数,对偏航力矩的控制效果高于升降副翼和襟副翼作动,而对滚转力矩的控制效率较低。

西北工业大学的司亮等采用 CFD 研究了翼梢小翼后缘加装舵面对机翼气动特性的影响[48]。结果表明,舵面向外偏转能显著增大机翼的升力,而机翼阻力的增加量较小,有利于提高飞机的起飞、爬升性能;当舵面不偏转时机翼的升阻比最大,有利于提高巡航效率;舵面向内偏转能显著增大机翼的阻力,有利于提高飞机的着陆性能。图 1.10 为后缘安装舵面的翼梢小翼结构示意图。

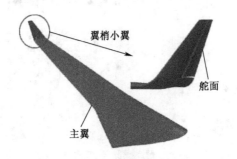

图 1.10　翼梢小翼后缘加装舵面

1.3.2　关键参数筛选

中国精密机械公司的马裕采用涡格法计算了小翼各参数对气动性能的影响,认为小翼的倾斜角和展弦比是决定小翼减阻效果的关键参数[49];南京航空航天大学的唐登斌等认为小翼的高度是对减阻效果影响最大的参数[50];西北工业大学的徐新等认为小翼的高度对小翼性能影响最大,其次是安装角[51];吴希拴通过风洞试验得出小翼的安装角对升阻比的影响最大,倾斜角和高度次之[52];南京航空航天大学的金海波等通过析因设计得出小翼的高度、倾斜角和翼根相对弦长是影响小翼性能的关键参数[53-54]。综上所述,影响翼梢小翼性能的关键参数包括高度、倾斜角、安装角、展弦比、翼根相对弦长。

1.3.3　变形方式选择

目前仅有左林玄、冯立好提出改变翼梢小翼的倾斜角,以及司亮提出在翼梢小翼后缘加装舵面,而有关其他变形方式的研究还未见公开报道。

1.3.4　驱动机构设计

虽然国内对变体翼梢小翼的驱动技术还未见公开报道,但对变体机翼的驱动技术已进行了广泛的探索,相关研究成果为变体翼梢小翼的驱动技术提供了有益参考。

变高度翼梢小翼相当于改变小翼的翼展,相应的驱动技术可以借鉴变体机翼领域的伸缩机翼技术。在伸缩机翼的驱动技术方面,西北工业大学的王盼乐等提出一种伸缩式机翼的驱动方案,采用滚珠丝杠传动机构,将电机的回转运动转化为机翼沿翼展方向的线运动[55]。滚动螺旋传动的优点是摩擦系数小、驱动效率高、磨损程度低、工作寿命长、传动精度高和轴向刚度好。此外它不自锁,传动具有可逆性,但结构复杂,制造精度要求高,抗冲击性能差。李闻等提出一种新型伸缩机翼的传动系统,该系统包括减速电机、钢索、绞盘和滑轮[56]。减速电机带动绞盘对缠绕在绞盘上的钢索进行收放,机翼伸缩段、钢索、绞盘和滑轮埋于主机翼内,滑轮位于主机翼翼尖蒙皮下的主梁末端位置,通过滑轮对机翼伸缩段进行实时伸缩变化的控制。这种传动方式具有结构简单、重量轻、可靠性高等优点。但对机翼内部的安装空间要求较高,因此也不适合作为变体翼梢小翼的驱动机构。图 1.11 为伸缩机翼的结构原理图。

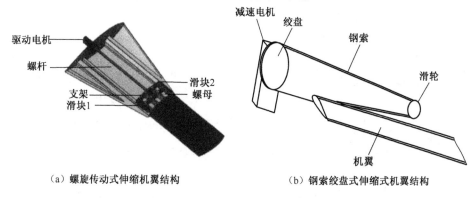

（a）螺旋传动式伸缩机翼结构　　　　（b）钢索绞盘式伸缩式机翼结构

图 1.11　西北工业大学的伸缩机翼方案

可变倾斜角翼梢小翼相当于改变小翼的上反角,相应的驱动技术可以借鉴变体机翼领域的折叠翼、变上反机翼概念。西北工业大学的金鼎设计了一种用于折叠翼的作动器,采用蜗轮蜗杆作为作动器的传动部件,可改变机翼的上反角,实现机翼的折叠和展开动作。作动器的原理如图1.12(a)所示,减速电机1的输出轴与齿轮2相连接,齿轮2依次带动齿轮3、4转动,此时蜗杆5同步转动,并带动与蜗杆5啮合的蜗轮6转动;蜗轮蜗杆机构共有2~4组,每个蜗轮上连接一个耳片7,用来连接机翼的翼梁。蜗轮轴连接一只电位器8作为角度传感器,电位器的电位信号作为角度反馈信号直接送到减速电机伺服电路控制作动器的转动角度。蜗轮、蜗杆和减速电机等安装在由铝合金制成的减速箱上,减速箱由上、下盖板和左、右侧板四部分组成,减速箱侧面设有螺栓孔,通过螺栓将作动器连接在机体结构上[57]。西安飞亚航空科技公司的王辉也发明了一种折叠翼驱动机构,采用推拉连杆机构实现机翼的折叠动作,也能改变机翼的上反角,结构原理图见图1.12(b)[58]。中国科学技术大学的李贺提出了一种基于SMA-电机混合驱动系统的折叠翼机构,当所需的力矩较小时,仅通过电机驱动,SMA丝不起作用;当需要的力矩较大时,SMA丝可以提供较大的驱动力,结构原理图见图1.12(c)[59]。北京航空航天大学的万志强发明了一种仿生关节折叠机构,采用气动元件作为动力源,能改变机翼的上反角,原理图见图1.12(d)[60]。南京航空航天大学的郭小良等提出一种基于扭力弹簧的折叠翼机构,以铰链片、滑轮、钢索等元件作为传动机构,扭簧的扭矩通过滑轮及钢索将作动力传到外翼的挂钩上,如图1.12(e)所示[61]。中航工业空气动力研究院的李强等发明了偏心曲柄滑块机构,通过连杆传动,带动机翼绕固定轴旋转[62],见图1.12(f)。

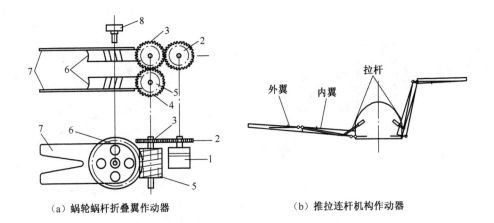

（a）蜗轮蜗杆折叠翼作动器　　　　　　（b）推拉连杆机构作动器

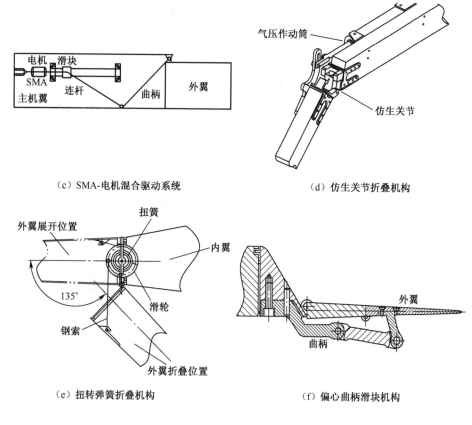

（c）SMA-电机混合驱动系统　　　　　　　（d）仿生关节折叠机构

（e）扭转弹簧折叠机构　　　　　　　　（f）偏心曲柄滑块机构

图 1.12　折叠翼驱动系统

1.4　本书的研究内容

　　目前国内外变体翼梢小翼的研究热点主要集中在对飞机气动性能和飞行稳定性等方面的影响,而对变体翼梢小翼的驱动技术研究尚处于探索阶段,特别是对变体翼梢小翼的变形方式和变形范围的研究还有待加强。为了充分发挥变体翼梢小翼的作用,在多种飞行状态下为飞机提供最优减阻效果,有必要重点分析对小翼减阻效率影响最大的关键参数,以及这些关键参数的最佳变化范围,从而为变体翼梢小翼的驱动机构设计提供依据。为此,在国家自然科学基金项目"用于近空间飞行器仿生机翼的驱动器基础研究"(项目批准号:90605003)的资助下,本书主要研究以下几方面内容:

17

（1）变体翼梢小翼的变形方式研究。通过 Plackett-Burman 试验设计，分析翼梢小翼的各类几何参数对机翼气动效率的影响，筛选出对小翼减阻效率影响最大的关键参数，在此基础上确定变体翼梢小翼的变形方式。

（2）变体翼梢小翼关键参数的变形范围研究。针对翼梢小翼的关键参数，以阻力小、对机翼结构强度影响小为目标，采用响应曲面优化设计方法，确定小翼的关键参数在起飞、爬升和巡航等多种飞行状态的最佳值，得到变体翼梢小翼在整个飞行包线内的变化范围。

（3）变体翼梢小翼的驱动技术研究。以变体翼梢小翼的变形方式和范围为依据，研究相应的驱动技术和实现方式。所采用的驱动机构应具备体积小、重量轻、驱动效率高、频响特性好、易于控制等特点。探索驱动系统的形式、性能、力学模型以及控制方法等基本问题。

（4）变体翼梢小翼的气动收益研究。采用 CFD 与风洞试验相结合，分析变体翼梢小翼对机翼的展向载荷分布、升阻力、翼尖尾涡和翼根弯矩的影响，讨论变体翼梢小翼相对于传统固定式小翼的优缺点，为后续研究提供参考。

第2章　变体翼梢小翼的变形方式和变形范围

翼梢小翼的几何参数类型较多,每种参数对减阻效率的影响程度也各不相同。变体翼梢小翼应该改变哪些关键参数才能以最小代价获得最大的气动收益(即变形方式),以及这些关键参数在什么范围内变化才是最佳的(即变形范围),是变体翼梢小翼研究面临的首要问题。只有解决了这两个问题,才能把握变体翼梢小翼的研究方向,为驱动机构设计奠定坚实的理论基础,并提供有力的数据支持。

针对变体翼梢小翼的变形方式,本书采用 Plackett-Burman 试验设计,分析翼梢小翼各参数对机翼阻力的影响程度,在此基础上筛选对小翼减阻效果影响最大的关键参数,从而确定变体翼梢小翼的变形方式。针对变体翼梢小翼的变形范围,本书采用响应曲面设计,确定小翼的关键参数在起飞、爬升、巡航等多种飞行状态的最佳值,从而得到变体翼梢小翼的变形范围,图 2.1 为研究流程。

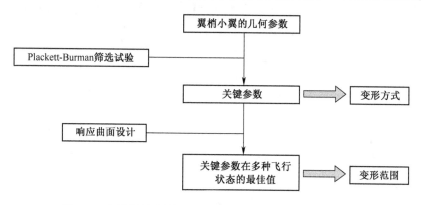

图 2.1　变体翼梢小翼的变形方式和变形范围研究流程框图

2.1　翼梢小翼的工作原理与参数类型

2.1.1　翼梢小翼的空气动力学原理

飞机在飞行中由于机翼上下表面存在压力差而在翼尖区产生三元效应,导致气流从下表面高压区绕过翼尖到达上表面低压区,同时形成一定强度的旋涡。它与机翼后缘拖出的无数条尾涡相互诱导形成一个速度为 W 的下洗流,并与来自无穷远处的自由流(流速为 V_∞)合成一个相对翼剖面的局部流场(流速为 V_{Local})。此时在翼剖面上产生一个垂直于局部流向的合力 L_R ,它在垂直于自由流方向的投影即为升力 L ;而在平行于自由流方向的投影定义为诱导阻力 D_i ,如图 2.2 所示[63]。

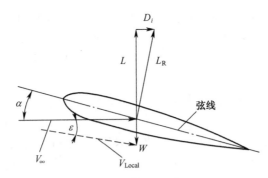

图 2.2　诱导阻力的产生机理
-----局部流方向;——自由流方向; α —迎角; ε —下洗角。

诱导阻力的大小完全取决于机翼的展向载荷分布以及翼尖涡的下洗速度。如果机翼的展向载荷分布是按椭圆规律变化的,则诱导阻力可由下式确定:

$$D_i = \frac{L^2}{\pi q_\infty b^2} = \frac{1}{\pi q_\infty}\left(\frac{L}{b}\right)^2 \tag{2.1}$$

式中, D_i 为机翼的诱导阻力; q_∞ 为自由流的动压; L 为机翼的总升力; b 为机翼的翼展。

式(2.1)是经典的诱导阻力表达式,它适用于展向载荷呈椭圆分布的机翼。考虑实际飞机的展向载荷通常偏离椭圆分布,式(2.1)更一般的形式为

$$D_i = \frac{1}{\pi q_\infty e}\left(\frac{L}{b}\right)^2 \tag{2.2}$$

式中, e 为相对于载荷为椭圆分布的气动力效率因子,也称为诱导阻力因子。

通常,飞机的诱导阻力用诱导阻力系数来表示:

$$C_{Di} = \frac{C_L^2}{\pi A} \tag{2.3}$$

式中, C_L 为机翼的升力系数; A 为机翼的展弦比。

由式(2.3)可以看出,诱导阻力系数与升力系数的平方成正比,而与机翼的展弦比成反比。从诱导阻力的产生机理可知,削弱翼尖涡的强度,降低其下洗速

度即可减小机翼的诱导阻力,翼梢小翼就是通过这种方法达到减阻的目的[64]。首先,翼梢小翼具有翼尖端板的作用,能阻止机翼下表面气流向上表面的绕流。其次,翼梢小翼具有耗散翼尖涡的作用,它拖出的尾涡和机翼翼尖涡相互缠绕,在两股涡的相遇处各自的诱导速度方向相反,导致翼尖集中涡破碎成若干小涡线,在黏性作用下其强度快速减弱,同时涡核动能与旋转速度大幅降低,翼尖区的下洗流流速也得以降低[65],不仅有利于降低机翼的诱导阻力,还能减小对尾随飞机的危害。

除了能减小诱导阻力,翼梢小翼还能产生附加升力和向前推力[63]。如图 2.3 所示,机翼翼尖区的流场特性非常复杂,速度为 V_∞ 的自由流和翼尖涡引起的下洗流(速度为 W)相互耦合形成一个相对于翼梢小翼的局部流场(流速为 V_{Local})。此时翼梢小翼产生一个垂直于局部来流的升力(也称为侧向力 ΔL),同时还产生一个平行于局部来流的诱导阻力 ΔD_i。由于翼梢小翼有一定的外倾角,侧向力 ΔL 在机翼升力方向有一个投影,这是翼梢小翼产生的附加升力 ΔY。侧向力 ΔL 和诱导阻力 ΔD_i 在自由流方向的投影之和即为翼梢小翼产生的向前推力 ΔF。

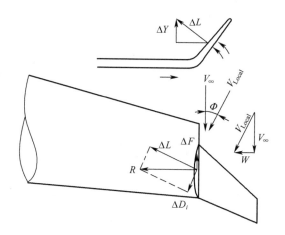

图 2.3　翼梢小翼的气动力效应

此外,翼梢小翼还能推迟机翼翼尖区气流的过早分离,提高失速迎角。通常在后掠机翼的翼尖区气流存在三元效应,此处的流管呈收缩状态。气流流过翼剖面的前缘时急剧加速,使机翼上表面前缘有很大的吸力峰,然后是剧烈的压力恢复,随后进入很陡的逆压梯度区,这将导致机翼翼尖的边界层过早分离,造成机翼翼尖首先失速。而翼梢小翼的翼根前缘在机翼翼尖剖面最大厚度附近,机翼翼尖的逆压场与翼梢小翼的顺压场相互作用,改变了机翼翼尖区的压力分布并减小了逆压梯度。如果翼梢小翼设计合理,就能延迟机翼翼尖的气流分离,提高飞机的失速迎角和抖振升力系数[63]。

2.1.2 翼梢小翼的参数类型

翼梢小翼的几何参数包括翼型、梢根比、前缘后掠角、展弦比、高度(即翼展)、面积、翼根相对弦长。此外,翼梢小翼在机翼翼尖处安装时还存在不同的布局方式,包括倾斜角、翼根安装角和翼尖扭转角。其中,翼梢小翼的梢根比是指翼梢弦长与翼根弦长之比,前缘后掠角是指翼梢小翼前缘与飞机对称面法线之间的夹角,展弦比是指翼展平方与翼面积之比,翼根相对弦长是指小翼的翼根弦长与机翼翼梢弦长之比。倾斜角是指翼梢小翼的弦平面与地平面的垂直面之间的夹角;翼根安装角是指翼梢小翼的根弦方向与机翼翼尖弦方向之间的夹角;翼尖扭转角是指沿翼梢小翼展向各控制面的中弦线之间的夹角。为了方便叙述,本书将翼梢小翼的几何参数和布局方式统称为翼梢小翼的参数。图2.4为翼梢小翼的部分参数示意图[63,66]。

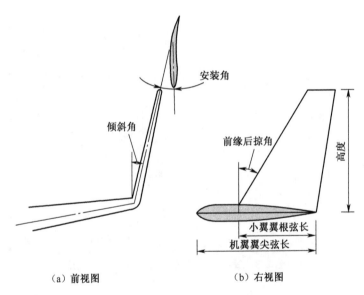

（a）前视图　　　　　　　　（b）右视图

图2.4　翼梢小翼的参数示意图

2.1.3 翼梢小翼的设计原则与设计方法

安装翼梢小翼的主要目的是减小飞机的诱导阻力,所以在设计小翼时应最大限度地提高其减阻效果,增大飞机的升阻比。为此 R. T. Whitcomb 提出,要使翼梢小翼发挥更大的作用,应将其安装在机翼翼尖区具有较大法向载荷(即翼尖具有高载荷)的机翼上,并使上翼梢小翼在机翼升力系数范围内都能产生足够大的指向机身的侧向力[67]。此外,在设计小翼时还需注意以下几点[63]:

(1)降低对机翼流场的干扰。机翼翼尖加装翼梢小翼后不能对机翼流场产生明显的不利干扰,且翼梢小翼自身也应具备良好的气流分离特性。由于翼梢小翼对机翼翼尖处的载荷有一定影响,在翼梢小翼与机翼的结合部位会对气流产生干扰作用,带来额外的干扰阻力。而且机翼翼尖区的流场特性异常复杂,沿翼梢小翼展向各剖面的有效迎角是变化的。因此要求翼梢小翼不能先于机翼发生气流分离,避免诱发机翼颤振。

(2)避免对飞行性能产生不利影响。翼梢小翼的设计目标主要是改善飞机巡航阶段的升阻特性,但它也会影响飞机的纵横向静稳定性和操纵性,因此在设计时要综合考虑翼梢小翼对飞机气动效率和飞行品质的影响。

(3)控制飞机结构重量。机翼加装翼梢小翼后不应过多地增加飞机的结构重量。除翼梢小翼自身的重量外,小翼产生的侧向力还会增加机翼的翼根弯曲力矩。从结构强度方面考虑,除非飞机具有足够的安全余量,否则会增加飞机的结构重量。可见,在设计翼梢小翼时不能仅从获得最大的气动收益出发,同时还要考虑控制飞机结构的重量增量。因此,通常都在相同的翼根弯曲力矩条件下评价翼梢小翼气动性能的优劣。

(4)权衡研究。当翼梢小翼参数选定后,要检查所选择的参数是否合理。除了升阻力特性外,还要在重量、飞行性能和颤振特性等诸多方面进行权衡。首先进行设计要求权衡,确定航程和起飞总重的设计要求,然后给出满足所有设计要求的翼梢小翼参数包络面,定出翼梢小翼的最佳设计点,即满足所有设计要求而起飞总重最轻的翼梢小翼参数值。

(5)翼梢小翼的参数应符合电气准则要求。在确定翼梢小翼的布局方式时,其翼根弦向位置的选择受翼尖前缘布置前航行灯和频闪灯的限制,必须给前航行灯和频闪灯留出位置。

目前,翼梢小翼设计主要采用数值计算与风洞试验、飞行试验相结合的方法。通常翼梢小翼的设计点定在巡航状态,几何参数的选择主要根据巡航状态的流场特性进行优化,并综合考虑诱导阻力、俯仰力矩、升力线斜率和翼根弯曲力矩等方面的因素,遴选出对巡航阶段飞行性能有较大改善的几组参数组合,以此为依据制作几种不同参数组合的翼梢小翼模型进行风洞选型试验,经过对比分析最终确定翼梢小翼的最佳构型,随后进行结构打样设计和强度计算,最后将设计的翼梢小翼安装在飞机上进行飞行试验,评估翼梢小翼对飞行性能的影响。

2.2 变体翼梢小翼的变形方式

2.2.1 Plackett-Burman 试验设计

试验设计(Design Of Experiment, DOE)是以概率论和数理统计为理论基础，经济地、科学地安排试验的一种方法[68]。通过对试验进行合理安排，以较小的试验规模(试验次数)、较短的试验周期和较低的试验成本获得理想的试验结果，并得出科学的试验结论[69-70]。利用试验设计可以帮助设计人员确认哪些因子影响最终结果，并从大量因子中快速筛选出对最终结果有关键影响的少数关键因子；随后针对设计过程建立数学模型，从而对整个设计过程进行可控优化。

目前，常用二水平全因子设计和部分因子设计筛选影响目标响应变量的关键因子。全因子设计的特点是将所有因子的水平完全组合，可以估算出所有主因子和因子间的交互作用。全因子设计的缺点是试验效率随因子数量的增加而显著降低。所以，只有在因子的数量少于 5 个，并且因子之间可能存在交互作用，以及响应输出和因子间是线性关系的情况下才能使用全因子设计。

相对而言，部分因子设计能有效减少试验次数，提高试验效率。它建立在两个假设基础之上：①因子影响的不平衡性。假设主因子和低阶交互作用是主要因素，而忽略高阶交互作用。②主因子具有投影特性。对于一个部分因子设计，剔除非显著因素后，可投影成一个全因子设计。使用部分因子设计应满足以下条件：因子的数量多于 5 个、不存在高阶交互作用、响应输出和因子间是线性关系。由于翼梢小翼的参数类型多于 5 个，所以应采用部分因子设计筛选关键参数。

在部分因子设计中，最常用的是 Plackett-Burman 设计，它可以对每个因子取两水平进行分析，通过比较各因子两水平的差异与整体的差异来确定因子的显著性，能够从众多因子中快速、有效地筛选出重要因子[71]。Plackett-Burman 试验设计采用线性函数筛选因子，忽略交互作用。线性函数方程为

$$Y = \beta_0 + \sum \beta_i X_i, i = 1, 2, \cdots, k \tag{2.4}$$

式中，Y 为响应变量；X_i 为因子；β_0 为回归方程的常数项，β_i 为回归系数，通常以因子的主要影响水平 $E(X_i)$ 反映 X_i 对 Y 的影响程度[72]。$E(X_i)$ 可由以下方程计算：

$$E(X_i) = \frac{2(\sum M_{i+} - M_{i-})}{N} \tag{2.5}$$

式中:$E(X_i)$ 为所考察的因子 X_i 的主要影响水平;M_{i+} 和 M_{i-} 为试验中测量到的响应变量 Y 的最大值和最小值;N 为试验次数。

本书以美国 KC-135 空中加油机的翼梢小翼为研究对象,采用 Plackett-Burman 试验设计,筛选对小翼减阻效果影响最大的关键参数,从而确定变体翼梢小翼的变形方式。选择 KC-135 的原因为:它是世界上第一种安装翼梢小翼的机型,相关的研究资料最权威,数据也最详细,有利于验证本书研究结果的可信度。KC-135 翼梢小翼的几何参数详见表 2.1[8,14]。表中,c 为机翼的翼尖弦长,b 为机翼的翼展。

表 2.1 KC-135 翼梢小翼的几何参数

参数名称	取值
翼根相对弦长	$0.6c$
前缘后掠角/(°)	37
梢根比	0.34
相对高度/m	$0.135b/2$
倾斜角/(°)	20
翼根安装角/(°)	−3.2
翼尖扭转角/(°)	−2.5

通常,Plackett-Burman 设计按以下步骤进行:

(1) 确定因子。

根据设计要求确定 Plackett-Burman 设计的因子,尽量将符合设计要求并对响应变量有较大影响的因子都选入试验模型。本书主要考察翼梢小翼的参数对其减阻效率的影响,因此应该将小翼的所有参数都作为设计因子。其中,小翼的翼型经实践证明,在低速和高速状态都具有较好的气动特性,所以不需要将小翼的翼型纳入设计因子进行考察。另外,小翼的面积和展弦比是由高度、翼根相对弦长和梢根比决定的,因此应将面积和展弦比从设计因子中剔除。

(2) 选取水平。

各因子水平的选择对 Plackett-Burman 设计至关重要。为了保证每个因子的水平值都在合理范围,应尽量涵盖每个因子允许的最大取值范围,避免由于取值范围过小而反映不出该因子的实际影响能力;但也要注意取值范围不能太大,否则会放大它的实际影响能力,甚至覆盖其他重要因子的影响。本书在选择各设计因子的水平时,参考了波音公司对 KC-135 翼梢小翼进行优化设计时各参数的取值范围[8]。

(3) 生成试验表格。

利用相关设计软件(如 MINITAB 软件),将各因子的高低水平值输入后,自动生成试验表格。

（4）进行试验。

参照试验表格里的信息对不同参数组合的翼梢小翼进行现场试验或数值模拟试验。如果是现场试验,应保证在相同的外部环境下进行试验,尽量避免不相关因素的影响而使试验失真。若是数值模拟试验,则要尽可能地完善模型,减小数值误差。本书采用基于压缩修正的三维涡格法进行数值模拟,相关的计算方法介绍及可信度验证详见2.2.2节。

（5）统计试验结果。

如果是现场试验,测量前必须对测量系统进行评估,确保测量结果可接受后才能进行测量和记录。一般而言,在进行现场实验时,需要对实验进行重复,取多次实验结果的均值进行分析,从而排除实验中随机误差的影响,提高实验结果的精度。如果是数值实验,则按要求或相关公式将需要的数据求出即可。

（6）分析试验结果。

将试验数据和试验结果输入统计学分析软件(如 MINITAB、SAS、S-Plus等),根据需要进行方差分析、T 检验等统计分析计算,考察每个因子对响应变量的影响。

2.2.2　基于压缩修正的三维涡格法

由于翼梢小翼的参数类型较多,需要对多种参数组合的小翼进行数值模拟,若直接求解 Navier-Stokes 方程将耗费大量的计算资源。因此本书采用基于压缩修正的三维涡格法[73],计算机翼加装翼梢小翼后的升阻力特性,为 Plackett-Burman 设计提供分析数据。涡格法是一种简单有效的气动力计算方法,可以快速得到机翼加装翼梢小翼后的升力、阻力、俯仰力矩和翼根弯矩,非常适合需要进行大量数值计算的场合。

在计算亚声速流场中机翼的气动力时,若来流马赫数 Ma_∞ 小于 0.3,可以忽略空气的压缩性,按不可压缩流动处理;若 Ma_∞ 大于 0.3,就要考虑压缩性的影响,否则会导致较大误差。通常,大型飞机在起飞、爬升阶段的 Ma_∞ 介于 0.3~0.5,而这个阶段正是本书所关注的重点,因此在计算机翼的气动力时必须考虑压缩性影响。但是,传统涡格法并没有考虑流体的压缩性,在计算可压缩流场条件下的气动力时准确度较差。针对该问题,Prandtl 和 Glauert 在 1927 年提出了著名的 Prandtl-Glauert 法则[74],指出了不可压流和可压流之间的关系:在相同的翼型和迎角条件下,不可压流场中某一点处的压强系数乘以 $1/\beta$ 就等于可压流场中同一点处的压强系数,即

$$C_P = \frac{1}{\beta}C_{P0} \tag{2.6}$$

$$\beta = \sqrt{1 - M_\infty^2} \tag{2.7}$$

式中，C_{P0}为不可压流场中某一点处的压强系数；C_P为可压流场中同一点处的压强系数；$1/\beta$为亚声速流的压缩性因子。Prandtl-Glauert 法则较好地解决了不可压流和可压流之间的转换。但是，试验发现当来流马赫数 Ma_∞ 在 0.4~0.7 时，Prandtl-Glauert 法则的修正结果与实验数据的偏差较大。为了解决这个问题，钱学森在一篇著名的学术论文中提出了一个新的压缩性修正公式——Kármán-Tsien 公式[75]：

$$C_P(Ma_\infty,\alpha,c,f) = \frac{C_P(0,\alpha,c,f)}{\sqrt{1 - Ma_\infty^2} + \dfrac{Ma_\infty^2}{\sqrt{1 - Ma_\infty^2} + 1}\dfrac{C_P(0,\alpha,c,f)}{2}} \tag{2.8}$$

式中，α 为翼型的迎角；c 为翼型的相对厚度；f 为翼型的相对弯度，该公式的修正量不再是常数 $1/\beta$，而与当地的压强 $C_P(0,\alpha,c,f)$ 有关，如果是吸力点，其为负值，修正量比 $1/\beta$ 大一些；如果是压力点，则为正值，修正量比 $1/\beta$ 小一些，准确度更高。本书采用这种方法计算了 KC-135 在巡航状态下（$Ma = 0.7$），机翼加装翼梢小翼前后的阻力变化量，并与 NASA Langley 研究中心的风洞试验数据进行了对比[63]，结果见图 2.5。可见，计算结果与实验值的一致性是极好的。

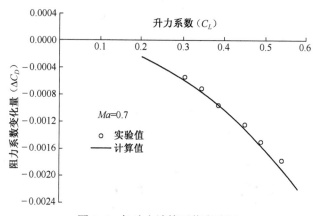

图 2.5　气动力计算可信度验证

2.2.3　影响翼梢小翼减阻效率的关键参数

将 KC-135 翼梢小翼的几何参数编号，分别对每个参数取高低两水平进行 Plackett-Burman 筛选试验，如表 2.2 所示。采用试验次数 $N = 12$ 的 Plackett-

Burman 试验设计安排数值模拟,响应变量为阻力系数 Y_1,试验结果见表 2.3。

表 2.2　KC-135 翼梢小翼几何参数的取值范围

参数名称	设计变量	下限	上限
翼根相对弦长	X_1	0.6	1
前缘后掠角/(°)	X_2	14	60
梢根比	X_3	0.15	0.68
相对高度/m	X_4	0.07b/2	0.2b/2
倾斜角/(°)	X_5	0	91.4
翼根安装角/(°)	X_6	−5	0
翼尖扭转角/(°)	X_7	−5	0

表 2.3　KC-135 翼梢小翼的 Plackett-Burman 试验结果

N	X_1	X_2	X_3	X_4	X_5	X_6	X_7	Y_1
1	0.6	14	0.15	0.07	0.0	−5	−5	0.02898
2	0.6	14	0.15	0.20	91.4	0	−5	0.02718
3	1.0	60	0.68	0.07	91.4	0	−5	0.02870
4	1.0	60	0.15	0.20	0.0	−5	−5	0.02801
5	1.0	14	0.68	0.07	0.0	−5	0	0.02891
6	0.6	60	0.15	0.07	0.0	0	0	0.02893
7	0.6	14	0.68	0.20	91.4	−5	0	0.02728
8	0.6	60	0.68	0.07	91.4	−5	−5	0.02868
9	0.6	60	0.68	0.20	0.0	0	0	0.02742
10	1.0	14	0.15	0.07	91.4	0	0	0.02859
11	1.0	14	0.68	0.20	0.0	0	−5	0.02806
12	1.0	60	0.15	0.20	91.4	−5	0	0.02754

采用 MINITAB 软件对表 2.3 中的阻力系数数据进行回归分析,得到各因子的回归系数及其显著性,如表 2.4 所示。表 2.4 中的 P 值用来判断响应变量和设计因子之间的相关性是否统计意义显著。将 P 值与预设的 α 水平进行比较,如果 P 值小于 α 水平,则相关性的统计意义显著。常用的 α 水平为 0.05。由表 2.4 可知,相对高度 X_4 和倾斜角 X_5 的 P 值小于 0.05,说明它们是影响阻力系数的关键参数。而翼根相对弦长 X_1、前缘后掠角 X_2、梢根比 X_3、翼根安装角 X_6、翼尖扭转角 X_7 的 P 值大于 0.05,说明它们对阻力系数的影响在统计意义上不显著。

表 2.4　各因子的回归系数及显著性检验

自变量	系数	系数标准误差	T	P
截距	0.0290661	0.0002606	111.54	
X_1	0.0005583	0.0002405	2.32	0.081
X_2	0.00000101	0.00000209	0.49	0.653
X_3	−0.0000566	0.0001815	−0.31	0.771
X_4	−0.0093590	0.0007399	−12.65	0
X_5	−0.00000427	0.00000105	−4.05	0.015
X_6	−0.00001733	0.00001924	−0.90	0.419
X_7	−0.00003133	0.00001924	−1.63	0.179

图 2.6 是根据 Plackett-Burman 试验结果得出的设计因子标准化效应正态图。图中的响应为阻力系数,设计因子为翼梢小翼的 7 个参数,图中的拟合线表示所有效应都为零时设计因子所落的预期位置,没有落在此线附近的设计因子则表示显著效应。可以看出,翼梢小翼的高度和倾斜角是影响阻力系数的显著因素,而其他参数对阻力系数的影响不显著。

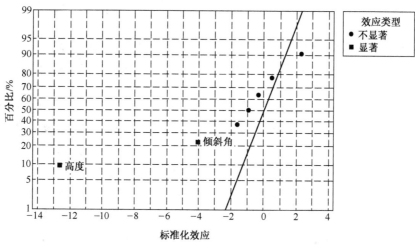

图 2.6　影响翼梢小翼减阻效果的关键参数

根据以上分析,可将 KC-135 翼梢小翼的几何参数分为 2 个等级,详见

表2.5。

表 2.5 翼梢小翼几何参数的等级划分

等级	对响应变量的影响	参数
显著	$P<0.05$	相对高度、倾斜角
不显著	$P>0.05$	翼根相对弦长、前缘后掠角、 梢根比、翼根安装角、翼尖扭转角

表 2.6 是回归方程的显著性检验。其中,F 为方差分析的一个指标,将其绝对值与界值相比可以确定 P 值。F 值越大,P 值越小,表示回归方程的显著性越高。通常,当 $P<0.05$ 即可认为回归方程具有高度显著性。此处 $P=0.003$,说明回归方程是高度显著的,表示 Plackett-Burman 试验的可信度和精确度较好。

表 2.6 Plackett-Burman 试验设计的回归方程显著性检验

来源	自由度	平方和	调整均方和	F	P
回归	7	5.15217E-06	7.36024E-07	26.52	0.003
残差误差	4	1.11033E-07	2.77583E-08		
合计	11	5.26320E-06			

2.2.4 变体翼梢小翼的变形方式

由 Plackett-Burman 试验设计的结果可知,相对高度和倾斜角是影响翼梢小翼减阻效率的关键参数。因此,变体翼梢小翼应该采用改变相对高度和倾斜角的变形方式,具体可分为三类:仅改变相对高度、仅改变倾斜角、同时改变相对高度和倾斜角(即复合式变形)。根据诱导阻力系数表达式(2.3),当升力系数一定时,诱导阻力系数与机翼的展弦比成反比。按最小化诱导阻力的要求,变体翼梢小翼的相对高度和倾斜角应该朝着有利于增大机翼展弦比的方向变化。由图 2.7 可以看出,增大小翼的相对高度和倾斜角相当于增加机翼的有效展弦比,有利于降低机翼的诱导阻力系数。因此,变体翼梢小翼的最佳变形趋势为:在诱导阻力占较大比重的低速高升力状态,增大小翼的相对高度和倾斜角,不仅能最大限度降低诱导阻力,还能提供附加升力,从而使飞机以较小推力快速爬升至巡航高度。在寄生阻力占较大比重的高速飞行状态,减小翼梢小翼的相对高度和倾斜角,相当于减小机翼的迎风面积,不仅可将诱导阻力控制在合理水平,还能有效降低高速飞行时的寄生阻力。

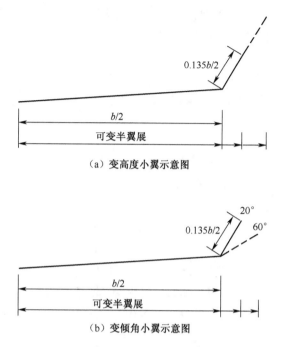

（a）变高度小翼示意图

（b）变倾角小翼示意图

图 2.7　变体翼梢小翼的最佳变形趋势示意图

2.3　变体翼梢小翼的变形范围

本书采用响应曲面设计将翼梢小翼的高度和倾斜角与小翼的减阻效率及其对机翼翼根弯矩的影响建立联系[76]。通过求解响应曲面方程，确定 KC-135 翼梢小翼的高度和倾斜角在低速状态的最佳值，并参考其原始设计参数（即高速状态的最佳值），即可得到变体翼梢小翼的变形范围。

2.3.1　响应曲面设计

响应曲面法是由英国统计学家 G. Box 和 Wilso 于 1951 年提出的一种多参数优化设计方法，它包括试验、建模、数据分析和最优化等几个步骤[77-78]。响应曲面设计的实质是利用合理的试验设计方法并通过实验得到一定数据，随后采用多元回归方程拟合变量与响应之间的函数关系，通过对回归方程的分析寻求最优参数组合，是解决多参数优化设计问题的一种统计方法。响应曲面法的优点是将系统的响应作为一个或多个变量的函数，并运用图形技术将这种函数关系显示出来，从而可以更直观地判别优化区域。当自变量的个数较少时（通常不超过 4 个),响应曲面法是一种有效的优化设计方法,适合于要求响应变量望大(即越大越好)、望小(即越小越好)和望目(即越接近目标值越好)等几种常见情形。

常用的响应曲面法包括 Box-Behnken 设计和中心复合设计两种形式,可以通过相对较少的试验次数拟合响应曲面模型,两者均采用二阶回归模型对变量的响应行为进行表征:

$$Y = \beta_0 + \sum_{i=1}^{k} \beta_i X_i + \sum_{i=1}^{j-1} \sum_{j=1}^{k} \beta_{ij} X_i X_j + \sum_{i=1}^{k} \beta_{ii} X_i^2 \qquad (2.9)$$

式中,Y 为系统响应;β_0,β_i,β_{ii} 分别为偏移项、线性偏移和二阶偏移系数;β_{ij} 为交互系数;X_i 和 X_j 为各设计变量的水平值。

在进行响应曲面设计时由于各变量的量纲和变化范围可能不同,甚至某些自变量的范围差别极其悬殊,为了处理方便,需要将所有的自变量进行线性变换(又称为编码变换),使自变量的取值区域都转化为中心在原点的"立方体"。编码方法如下:设第 i 个变量的实际变化范围是 $[z_{1i}, z_{2i}]$,$i = 1,2,\cdots,m$,记区间的中点为 $z_{0i} = (z_{1i} + z_{2i})/2$,区间的半长为 $\Delta_i = (z_{2i} + z_{2i})/2$,$i = 1,2,\cdots,m$,作如下 m 个线性变换:

$$X_i = \frac{z_i - z_{0i}}{\Delta_i}, i = 1,2,\cdots,m \qquad (2.10)$$

经此变换后,将变量 z_i 的实际变化范围 $[z_{1i}, z_{2i}]$ 转换成新变量 X_i 的变化范围 $[-1,1]$。这样就将形如"长方体"的因子区域变换成中心在原点的"立方体"区域。

另外,在拟合响应曲面方程的过程中,需要对响应曲面方程和回归系数的显著性进行检验并调试,只有响应曲面方程和回归系数均显著才是有效的模型。通常,根据响应曲面方程和回归系数的 P 值来判断是否具有显著性,回归系数的 P 值应小于或等于 0.25,响应曲面方程的 P 值应小于或等于 0.05。

2.3.2 翼梢小翼的关键参数在高速状态的最佳值

KC-135 的翼梢小翼是专门针对高速巡航状态设计的,因此它的相对高度和倾斜角在高速状态的最佳值为 0.135$b/2$、20°。

2.3.3 翼梢小翼的关键参数在低速状态的最佳值

针对飞机起飞、爬升状态的流场特性($Ma_\infty = 0.3$,$C_L = 0.54$;$Ma_\infty = 0.5$,$C_L = 0.56$),对 KC-135 翼梢小翼进行修型设计,设计要求在翼根弯矩不超过 3% 的条件下(此条件与波音公司对 KC-135 翼梢小翼进行优化设计时的约束条件相同[8,14]），最小化机翼的阻力系数。以相对高度 X_4 和倾斜角 X_5 为设计变量，以阻力系数 Y_1 和翼根弯矩系数 Y_2 为响应变量，采用中心复合设计法构造全机阻力系数和翼根弯矩系数的响应曲面方程。

1. 小翼的高度和倾斜角在起飞状态的最佳值

通过 MINITAB 软件构造响应曲面方程，得到起飞状态下全机阻力系数的响应曲面方程：

$$Y_1 = x^T A x + b x + 0.0429879 \tag{2.11}$$

式中：$A = \begin{bmatrix} 0.100148 & -3.240195 \times 10^{-5} \\ -3.240195 \times 10^{-5} & 1.52323 \times 10^{-7} \end{bmatrix}$

$b = \begin{bmatrix} -0.0437742 & -1.77653 \times 10^{-5} \end{bmatrix}$

$x = \begin{bmatrix} X_4 & X_5 \end{bmatrix}^T$

起飞状态下翼根弯矩系数的响应曲面方程：

$$Y_2 = x^T A x + b x + 0.278075 \tag{2.12}$$

式中：$A = \begin{bmatrix} -0.149418 & -3.402175 \times 10^{-3} \\ -3.402175 \times 10^{-3} & -5.2165 \times 10^{-6} \end{bmatrix}$

$b = \begin{bmatrix} -0.059291 & -1.82471 \times 10^{-4} \end{bmatrix}$

$x = \begin{bmatrix} X_4 & X_5 \end{bmatrix}^T$

不加翼梢小翼的机翼翼根弯矩系数为 0.2863，根据设计要求，加装翼梢小翼后的翼根弯矩系数不得超过 0.2949。以 3% 的翼根弯矩增量为约束条件，以阻力系数最小为优化目标，按照变体翼梢小翼的三种变形方式分别求解响应曲面方程，结果如下：

（1）仅改变高度。对于这种变形方式，小翼的倾斜角始终不变，将倾斜角 $X_5 = 20°$ 代入方程(2.11)、方程(2.12)，得到高度 $X_4 = 0.2$。这是 KC-135 翼梢小翼在起飞阶段所需的最佳高度。

（2）仅改变倾斜角。对于这种变形方式，小翼的高度始终不变，将高度 $X_4 = 0.135$ 代入方程(2.11)、方程(2.12)，得到倾斜角 $X_5 = 42°$。这是 KC-135 翼梢小翼在起飞阶段所需的最佳倾斜角。

（3）同时改变高度和倾斜角。采用遗传算法求解，得到高度 $X_4 = 0.163$，倾斜角 $X_5 = 29°$。这是 KC-135 翼梢小翼在起飞阶段所需的最佳高度和倾斜角。

2. 小翼的高度和倾斜角在爬升状态的最佳值

同样采用 MINITAB 软件构造响应曲面，得出爬升状态下全机阻力系数的响应曲面方程：

$$Y_1 = x^T A x + b x + 0.043216 \tag{2.13}$$

式中：$A = \begin{bmatrix} 0.100243 & -3.160125 \times 10^{-5} \\ -3.160125 \times 10^{-5} & 1.53119 \times 10^{-7} \end{bmatrix}$

$b = \begin{bmatrix} -0.0433242 & -1.76532 \times 10^{-5} \end{bmatrix}$

$x = \begin{bmatrix} X_4 & X_5 \end{bmatrix}^{\mathrm{T}}$

爬升状态下翼根弯矩系数的响应曲面方程：

$$Y_2 = x^{\mathrm{T}} A x + bx + 0.268876 \tag{2.14}$$

式中：$A = \begin{bmatrix} 1.12509 \times 10^{-2} & 2.094776 \times 10^{-3} \\ 2.094776 \times 10^{-3} & 1.067334 \times 10^{-5} \end{bmatrix}$

$b = \begin{bmatrix} 0.093234 & -4.82401 \times 10^{-4} \end{bmatrix}$

$x = \begin{bmatrix} X_4 & X_5 \end{bmatrix}^{\mathrm{T}}$

不加翼梢小翼的机翼翼根弯矩系数为 0.2901，根据设计要求，加装翼梢小翼后的翼根弯矩系数不得超过 0.2988。则三种变形方式对应的最佳高度和倾斜角如下：

（1）仅改变高度。对于这种变形方式，小翼的倾斜角始终不变，将倾斜角 $X_5 = 20°$ 代入方程（2.13）、方程（2.14），得到高度 $X_4 = 0.197$。这是 KC-135 翼梢小翼在爬升阶段所需的最佳高度。

（2）仅改变倾斜角。对于这种变形方式，小翼的高度始终不变，将高度 $X_4 = 0.135$ 代入方程（2.13）、方程（2.14），得到倾斜角 $X_5 = 25°$。这是 KC-135 翼梢小翼在爬升阶段所需的最佳倾斜角。

（3）同时改变高度和倾斜角。采用遗传算法求解，得到高度 $X_4 = 0.154$，倾斜角 $X_5 = 22°$。这是 KC-135 翼梢小翼在爬升阶段所需的最佳高度和倾斜角。

2.3.4 变体翼梢小翼的变形范围

由于 KC-135 翼梢小翼在巡航阶段的最佳高度和倾斜角分别为 $X_4 = 0.135$，$X_5 = 20°$，因此，变体翼梢小翼在三种变形方式下的变形范围分别为：

（1）仅改变高度。在起飞状态，小翼的最佳高度为 $X_4 = 0.2$；在爬升状态，小翼的最佳高度为 $X_4 = 0.197$；当飞机到达巡航高度，小翼的最佳高度为 $X_4 = 0.135$。因此，从起飞经历爬升到达巡航状态这一过程中，变体翼梢小翼高度的变形过程为 0.2—0.197—0.135。

（2）仅改变倾斜角。在起飞状态，小翼的最佳倾斜角为 $X_5 = 42°$；在爬升状态，小翼的最佳倾斜角为 $X_5 = 25°$；当飞机到达巡航高度，小翼的最佳倾斜角为 $X_5 = 20°$。因此，从起飞经历爬升到达巡航状态这一过程中，倾斜角的变形过程为 42°—25°—20°。

（3）同时改变高度和倾斜角。在起飞状态，小翼的最佳高度为 $X_4 = 0.163$，最佳倾斜角为 $X_5 = 29°$；在爬升状态，小翼的最佳高度为 $X_4 = 0.154$，最佳倾斜角为 $X_5 = 22°$；当飞机到达巡航高度，小翼的最佳高度为 $X_4 = 0.135$，最佳倾斜角为 $X_5 = 20°$。因此，从起飞经历爬升到达巡航状态这一过程中，变体翼梢小翼高度的变形过程为 0.163—0.154—0.135，倾斜角的变形过程为 29°—22°—20°。

2.4 本章小结

变形方式和变形范围是研究变体翼梢小翼面临的首要问题，只有解决这两个问题才能为变体翼梢小翼的驱动技术研究奠定基础。

针对变形方式问题，本章以 KC-135 空中加油机的翼梢小翼为例，采用试验设计中常用的 Plackett-Burman 设计，筛选出对翼梢小翼减阻效率影响最大的关键参数。结果表明，翼梢小翼的高度和倾斜角是影响减阻效率的主要参数，因此变体翼梢小翼的最佳变形方式是改变高度和倾斜角，具体可分为三种变形方式：仅改变高度、仅改变倾斜角、同时改变高度和倾斜角。

针对变形范围问题，本章采用响应曲面法确定了 KC-135 翼梢小翼的高度和倾斜角在起飞、爬升和巡航阶段的最佳值，进一步指出了变体翼梢小翼关键参数的变化范围。研究结果表明，在起飞—爬升—巡航的过程中，若变体小翼采用仅改变高度的变形方式，小翼高度的变形过程为 0.2—0.197—0.135。若变体小翼采用仅改变倾斜角的变形方式，小翼倾斜角的变形过程为 42°—25°—20°。若变体小翼采用高度和倾斜角复合式变形的方式，小翼高度的变形过程为 0.163—0.154—0.135，倾斜角的变形过程为 29°—22°—20°。

此外，变体翼梢小翼对机翼的翼根弯矩有较大影响，在实际使用时倾斜角和高度不能超过预定的最佳变化范围，否则会影响机翼结构安全。

第3章　用于变高度翼梢小翼的伸缩栅格

翼梢小翼的高度和倾斜角是影响小翼减阻效率的关键参数,因此变体翼梢小翼应采用变高度和变倾斜角的变形方式,即可以最小代价获得最大的气动收益。变体翼梢小翼的变形方式具体可分为三类:仅改变高度、仅改变倾斜角、高度和倾斜角同时变化的复合式变形。本书用三个章节分别研究这三类变形方式所需的驱动技术,本章首先研究变高度翼梢小翼的驱动技术。

3.1　变高度翼梢小翼驱动机构的技术要求

从系统功能的角度考虑,为了实现所需的变形动作和变形幅度,要求驱动机构必须具有较好的变形能力。若要在飞行过程中改变翼梢小翼的高度,所使用的驱动机构应同时具有气动承载和主动变形的能力。具体而言,变体翼梢小翼的驱动机构应具有足够的驱动力,克服翼梢小翼表面的气动载荷,从而产生变形动作。此外,为了获得最佳减阻效果,翼梢小翼高度的变化范围应与最佳高度变化范围一致,这就要求驱动机构应具有足够的伸缩率,使翼梢小翼的高度变化范围大于或等于最佳高度变化范围。由 2.3 节的分析可知,若变体翼梢小翼采用仅改变高度的变形方式,高度的最佳变化范围为 $0.135b/2 \sim 0.2b/2$,最大伸缩率约为 48.1%。为了验证驱动机构的功能,本书采用运动学数值模拟与实验相结合的方式考察驱动机构的运动学特性。

从结构设计的角度考虑,驱动机构的结构重量和几何尺寸也应满足要求。由于翼梢小翼的内部空间有限,所使用的驱动机构应满足结构简单、重量轻、驱动效率高等要求。传统液压驱动系统含有大量管路、液压泵等附件,难以满足上述要求,因此必须发展新型的驱动机构。

从控制方法的角度考虑,驱动机构应满足以下要求:变形过程的原理简单,不需要复杂的控制方法和控制系统,有利于提高控制系统的鲁棒性;变形动作的实时性好,不会产生迟滞现象,有利于提高控制系统的频响特性;驱动机构运动方程的物理意义明确,求解方法简单,有利于提高控制系统的精度。

3.2 伸缩栅格的工作原理

参考国内外具有伸缩功能的驱动机构设计方案,并根据变高度翼梢小翼驱动机构的设计要求,本书提出一种伸缩栅格结构,将其安装在翼梢小翼内部可以实时改变小翼的高度。图3.1为伸缩栅格示意图,伸缩栅格由若干连杆与滑动块构成。固定副、连杆、滑动块之间均采用铰接。在固定副部位安装一台步进电机驱动连杆1转动,当连杆1顺时针转动时,由于连杆之间的相互作用力,相邻的连杆2将带动滑动块向右运动,翼梢小翼的高度减小;反之,当连杆1逆时针转动时,翼梢小翼的高度增大。当步进电机的步距角一定时,通过控制电机的步数即可精确控制翼梢小翼高度的变化量。

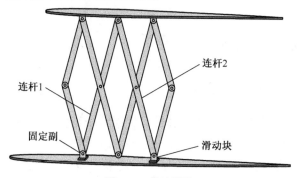

图 3.1　伸缩栅格

图3.2为伸缩栅格在机翼上的安装方式示意图,翼梢小翼的根部翼肋与机翼翼尖肋片通过梁固接。伸缩栅格的伸缩动作只改变翼梢小翼的高度、前缘后掠角和面积,而对翼梢小翼的倾斜角没有影响,如图3.3所示。

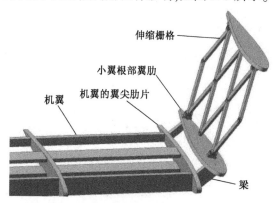

图 3.2　伸缩栅格的安装方式

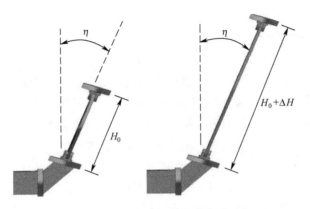

图 3.3　变高度翼梢小翼变形前后对比

3.3　伸缩栅格的运动学特性

3.3.1　伸缩栅格的受力分析

首先分析伸缩栅格的外部受力特征。伸缩栅格在运动过程中受到的外力包括气动载荷、重力、电机的扭矩和摩擦力。由 2.1 节的图 2.3 可知,因为翼梢小翼内外侧存在压力差,侧向力 ΔL 垂直于小翼平面,若不考虑气流的黏性,沿小翼翼展方向的气动载荷合力为零,说明只有重力、电机扭矩和摩擦力对伸缩栅格的伸缩动作有影响。

其次,分析伸缩栅格的内部受力情况。以滑动块的运动方向为 X 轴,以伸缩栅格的伸缩方向为 Z 轴,构成 XOZ 平面。若仅考虑连杆 1 与连杆 2 之间的作用力,可将伸缩栅格简化为图 3.4 所示结构。

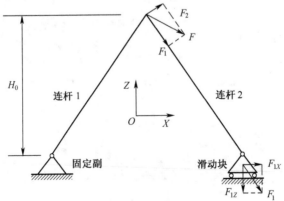

图 3.4　伸缩栅格的内力分析

连杆 1 为主动杆,连杆 2 为从动杆,当连杆 1 绕固定副顺时针转动时,与之铰接的连杆 2 受到力 F 的作用,它可分解为沿杆轴向分量 F_1、垂直杆轴向分量 F_2 两部分;F_2 使连杆 2 具有绕滑动块顺时针转动的趋势,但限于连杆 1 的约束作用,F_2 被一个大小相等、方向相反的力抵消,因此连杆 2 仅受到轴向力 F_1 的作用。F_1 通过连杆 2 传递到滑动块上,其在 X 轴方向的分量 F_{1X} 使滑动块向右运动,因此伸缩栅格的高度减小;反之,当连杆 1 绕固定副逆时针转动时,伸缩栅格的高度增大。

3.3.2　伸缩栅格的运动方程

图 3.5 显示了连杆 1 的转角变化量(即步进电机的累计输出转角)$\Delta\theta$ 与伸缩栅格高度的变化量 ΔH 的关系,由此得到电机累计输出转角 $\Delta\theta$ 与结构高度变化量 ΔH 的关系式:

$$\Delta H = H_0\cos\Delta\theta + \sqrt{(L^2 - H_0^2)(1 - \cos^2\Delta\theta)} - H_0 \qquad (3.1)$$

式中,L 为连杆 1 的长度;H_0 为伸缩栅格的初始高度。

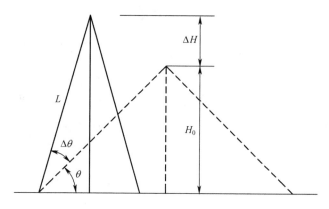

图 3.5　$\Delta\theta$ 与 ΔH 的关系

3.3.3　伸缩栅格的运动学数值模拟

使用 SolidWorks 软件建立伸缩栅格的三维数字模型,并对其进行运动干涉分析,随后将模型导入机械系统动力学自动分析软件(Automatic Dynamic Analysis of Mechanical Systems,ADAMS)进行运动学分析,如图 3.6 所示。其中,所有连杆的长度均为 286mm,连杆与滑块之间、连杆与连杆之间均采用转动副,滑块与导轨之间采用滑动副,并对连杆 1 下端部位赋予转动驱动。由伸缩栅格的外力分析可知,仅有重力、电机扭矩和摩擦力对伸缩栅格的伸缩动作有影响,因此在分析时开启重力加速度选项,并将伸缩栅格的材料定义为铝合金,同时设定滑块与导轨之间的静摩擦系数为0.5,动摩擦系数为0.3。

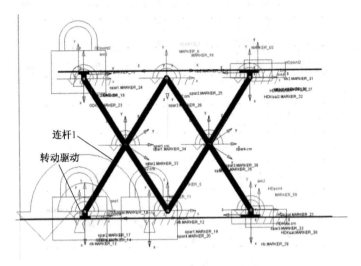

图 3.6　伸缩栅格的运动学仿真模型

将伸缩栅格从最小高度 $H_{\min}$ 运动至最大高度 $H_{\max}$ 再回到 $H_{\min}$ 的过程定义为一个伸缩周期,对伸长过程的 $T/2$ 周期进行分析。在 $T/2<2.2s$ 的约束条件下,计算伸缩栅格的高度变化量、伸缩速度和电机的输出转矩与时间的关系,并验证伸缩栅格的高度变化量与电机的累计输出转角的对应关系,结果见图 3.7。图 3.7(a)是在 $T/2$ 内伸缩栅格的高度变化量 ΔH 随时间的关系曲线,ΔH 随时间增加呈现较好的线性关系,并在 $t=T/2$ 时达到最大值 $\Delta H_{\max}=36.1mm$,伸缩栅格的最大伸缩率为 13.9%。图 3.7(b)是伸缩栅格的伸缩速度 V 随时间的关系曲线,伸缩速度 V 随时间增加而减小,在 $t=0\sim T/2$ 内,V 从 23.5mm/s 降低至 10.3mm/s。图 3.7(c)是电机的输出转矩 T_M 随时间的关系曲线,在 $t=0$ 时,电机输出转矩最大,为 970.9N·mm;在 $t=T/2$ 时,电机输出转矩最小,为 427.3N·mm。图 3.7(d)是电机累计转角 $\Delta\theta$ 与伸缩栅格的高度变化量 ΔH 的关系曲线,经验证符合表达式(3.1)。最后研究伸缩栅格的机械效率。根据 ADAMS 软件的测量模块得到 $T/2$ 周期内电机的输出功率 P 与时间的关系曲线(图 3.8),对其积分可得电机在这段时间内的总功(234.3J)。分别测量连杆、翼梢小翼的翼尖肋片和与之相连的滑块与固定副的重心在 Z 轴方向上的变化量,并与各部件质量相乘得到势能增量,其总和即为有用功(57.8J),由此得出伸缩栅格的机械效率为 24.7%。

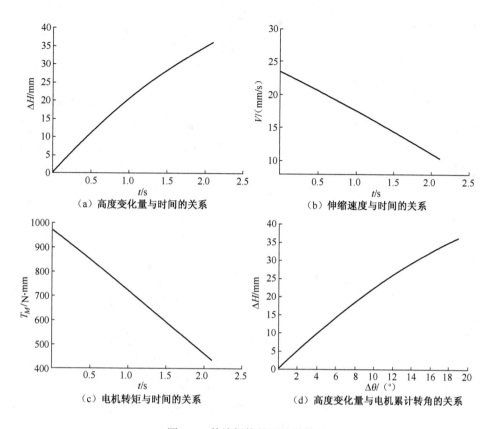

（a）高度变化量与时间的关系

（b）伸缩速度与时间的关系

（c）电机转矩与时间的关系

（d）高度变化量与电机累计转角的关系

图 3.7　伸缩栅格的运动学特性

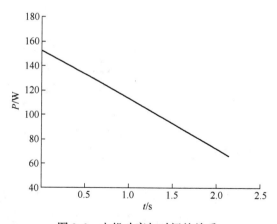

图 3.8　电机功率与时间的关系

3.4 伸缩栅格的控制方法

3.4.1 步进电机的原理与特性

由前述内容可知,伸缩栅格通过步进电机驱动。步进电机是一种控制电机,它可将电脉冲信号转变为角位移或线位移,并且不需要反馈电路就能实现速度控制及定位控制,是一种开环控制元件[79-80]。步进电机本质上属于直流同步电机,但无法直接用直流电源来驱动,需要配备驱动器才能使用。由于驱动器的作用使之步进化、数字化,从而克服了传统驱动系统的间隙、摩擦等不利因素,增加伺服刚度,显著提高伺服系统的响应速度和定位精度[81-84]。在非超载的情况下,步进电机的转速和角位移不受负载变化的影响,只取决于脉冲信号的频率和脉冲数。

根据电机转子的结构种类可将步进电机分为三类:永磁式(Permanent Magnet,PM)、变磁阻式(Variable Reluctance,VR)和混合式(Hybrid,HB)。PM型步进电机一般为两相,转矩较小,步距角一般为 7.5°~15°;VR 型步进电机一般为三相,可实现大转矩输出,步距角一般为 1.8°~15°,但噪声和振动都很大;HB 型步进电机兼具 PM 型和 VR 型的优点,它一般为两相或五相,两相步距角一般为 1.8°,五相步距角一般为 0.72°[85]。HB 型步进电机适合用于有较高分辨率要求的开环定位系统和低速开环调速系统,组成的系统简单方便、成本低,因此得到广泛应用。本书在步进电机选型时,考虑伸缩栅格对控制系统的要求(即简单、高精度、高频响),选择 HB 型步进电机作为伸缩栅格的伺服系统。

3.4.2 步进电机的控制方法

步进电机驱动系统由步进电机及驱动电路构成,两者是不可分割的整体。步进电机驱动系统的性能不仅与电机本身的性能有关,而且与驱动电路的设计也密切相关。同一台电机配以不同类型的驱动电路,其性能会有较大差异;反之,在设计驱动电路时,首先要了解、掌握步进电机的基本结构和运行原理。关于步进电机的基本结构和运行原理,已有多篇文献进行了详细研究[79,83,85],这里仅重点介绍步进电机开环驱动的基本原理与实现方法。

1. 步进电机开环驱动的基本原理

步进电机开环驱动的基本原理与普通永磁同步电动机类似。三相永磁同步电机是对定子绕组通以对称三相正弦交流电,定子绕组产生旋转的定子磁场,带动永磁转子旋转并输出力矩。而步进电机是步进式运行的,为了实现这种步进运行,其定子磁场也应该是步进式旋转的,即定子磁场的旋转不再是连续的,而是一步一步跃进的。按照一定的顺序给步进电机定子各相绕组通以阶跃式交流电,就可以产生这种"步进旋转磁场"。图3.9为二相步进电机定子磁场矢量示意图,图中A、B分别为定子A相、B相绕组分别单独通电产生的定子磁场矢量方向。如果在A、B两相绕组中通以对称二相正弦交流电,将产生圆形旋转磁场。而如果按照A—B—$\overline{A}$—$\overline{B}$—A—…的顺序依次对A相、B相绕组分别单独通以确定幅值的直流电,将产生四步一循环的步进旋转定子磁场,步进角度为90°[86-87](其中,$\overline{A}$、$\overline{B}$表示该绕组反向通电)。

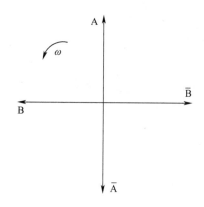

图3.9　二相步进电机定子磁场矢量示意图

2. 步进电机开环驱动电路的基本结构

步进电机开环驱动电路以脉冲序列为输入信号,输出端直接与步进电机定子绕组相连,输出适当的电压、电流驱动电动机转动。输入的脉冲序列与步进电机的转动角度严格对应,一个控制脉冲对应一个步距角,脉冲序列的频率决定了电动机的转速[88-89]。

在实际使用时,驱动电路包含由功率开关器件构成的驱动主电路,以及一个逻辑单元。该逻辑单元存储定子绕组通电顺序,并在输入脉冲序列的作用下输出当前定子绕组通电状态,控制主电路功率开关器件的导通与关断[90-91]。该逻辑单元在步进电机驱动电路中称为"环形分配器"。图3.10为步进电机开环驱动电路的基本结构框图,其中f_{cp}为输入脉冲序列。

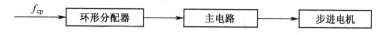

图3.10　步进电机开环驱动电路的基本结构框图

随着应用的深入,步进电机驱动电路的结构也逐步规范化。专用于步进电机开环驱动的芯片也有很多。环分电路是开环驱动控制的核心,针对它的结构分析、优化也有所进展[92]。这些都使开环驱动电路日益简单可靠,促进了步进电机的广泛应用。

3. 步进电机开环驱动的基本方法

步进电机常用的驱动方法主要包括恒电压驱动、恒电流驱动和细分步进驱动等。恒电压驱动的优点是可以通过外加电阻的方式提高流经电机线圈的电流,使高速状态的转矩得到很大改善;缺点是电机的铜耗增大,导致电机的能量转换效率较低。恒电流驱动的优点是在低速状态可以采用电流斩波驱动器产生较大的转矩;缺点是流经电机线圈的电流上升快,若不采用电流斩波方式有可能烧毁电机。细分步进驱动也称为微步驱动,是将全步进驱动时的步距角细分为 n 步,使转子的运行更光滑,从而起到减振降噪的作用[93-94]。由 3.3 节伸缩栅格的运动学仿真结果可知,步进电机在低速状态所需的转矩最大,因此本书选择恒电流斩波驱动方式控制步进电机运行。

3.4.3 伸缩栅格的开环控制实验

1. 实验设备与实验方法

这里制作了一台基于伸缩栅格的变高度翼梢小翼模型样机。连杆和固定副为铝合金材料,翼梢小翼的翼肋为航空层板材料,滑动块与导轨使用金属端盖直线导轨,为了降低结构质量,选用长度较短的直线导轨,其有效行程为 155mm。经扭力扳手测试,驱动此模型所需的电机转矩应大于 1500N·mm,为了保证足够的转矩输出裕度,本书选用带齿轮箱的 42H4602 型混合式步进电机,它的峰值输出转矩为 3836N·mm。模型样机与步进电机实物如图 3.11(a)、(b)所示。

控制系统包括上位机、脉冲发生器、步进电机驱动器及步进电机。本书采用 PC 作为上位机,在上位机编制 LabVIEW 程序控制 NI 6024E 数据采集卡发送脉冲信号,将脉冲信号送入步进电机驱动器,驱动步进电机产生步进式旋转,从而带动伸缩栅格运动。选用的驱动器为恒流斩波驱动器,具有细分驱动功能,最大细分数为 1/64。图 3.11(c)为控制系统总图。

控制实验的主要目的是验证步进电机的累计输出转角与伸缩栅格高度变化量之间的对应关系是否满足 3.3.3 节的仿真结果。在测量伸缩栅格的高度变化量时采用分步测量方法,即首先测量并记录伸缩栅格的初始高度,然后发送一组脉冲使电机输出轴转过一定的角度,此时再次测量伸缩栅格的高度并计算高度变化量。若已知脉冲频率,可以通过脉冲数确定步进电机的运行时间,因此这种测量方法也能得到伸缩栅格的高度变化量与时间的关系。

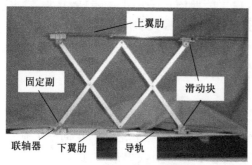

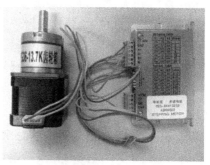

（a）基于伸缩栅格的变高度小翼模型　　　　　（b）步进电机、电机驱动器

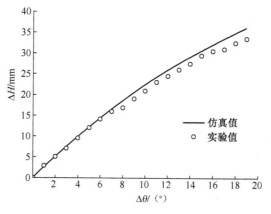

（c）步进电机控制系统

图 3.11　伸缩栅格控制实验

2. 实验结果及误差分析

图 3.12 是步进电机的累计输出转角 $\Delta\theta$ 与模型高度变化量 ΔH 的关系实验值与理论值对比。可以看出两者的趋势走向相吻合,但是随着 $\Delta\theta$ 的增加误差

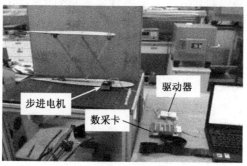

图 3.12　高度变化量与电机累计转角的关系

逐步增大,最大误差为7%。产生这些误差的原因包括加工误差、装配误差、运动关节摩擦阻力过大、导轨质量较大引起翼梢小翼翼尖肋片变形等。

3.5 伸缩栅格的运动学特性实验

实验结果与仿真分析的对比见图 3.13。图 3.13(a)是小翼高度变化量 ΔH 随时间变化的实验值与理论值对比,可以看出实验值与理论值的走向趋势基本吻合,但是随着时间的增加误差逐步增大,在 $t=T/2$ 时误差最大,此时模型高度增加 33.5mm,伸长率 12.1%,与理论值存在 7%的误差。图 3.13(b)是小翼的伸缩速度随时间关系的实验值与理论值比较,在 $t=0$ 时伸缩速度为 21.8mm/s,与理论值相差 7%;当 $t=T/2$ 时伸缩速度为 9.3mm/s,与理论值相差 10.2%。产生这些误差的原因包括加工误差、装配误差、运动关节摩擦阻力过大、导轨质量较大引起翼梢小翼翼尖肋片变形等。

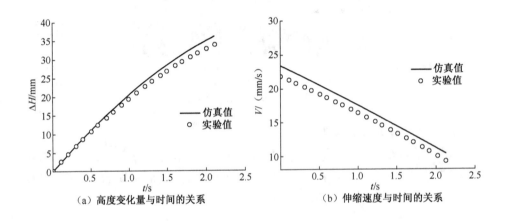

（a）高度变化量与时间的关系　　（b）伸缩速度与时间的关系

图 3.13　伸缩栅格运动学仿真与实验对比

需要特别指出,根据变高度翼梢小翼的驱动机构设计要求,伸缩栅格的最大伸缩率应达到 48.1%;而实际伸缩率为 12.1%,与设计要求还有较大差距。这是因为伸缩栅格的最大伸缩率由步进电机的最大累计输出转角、连杆 1 的长度以及伸缩栅格的初始高度共同决定。其中,步进电机的最大累计输出转角由直线导轨的长度决定。本书在制作实物模型时为了降低机构重量,选用了长度较短的直线导轨,从而保证步进电机能有效驱动伸缩栅格,正是由于这个原因,导致伸缩栅格的最大伸缩率较低。

3.6 变高度翼梢小翼的气动收益

以飞机起飞阶段的流场特性为例,通过 CFD 数值模拟与风洞试验相结合,研究变高度翼梢小翼对机翼展向载荷分布、翼梢尾涡流场控制、机翼升阻力特性和翼根弯矩等方面的影响,分析变高度翼梢小翼的优缺点。由于变高度翼梢小翼所需的变形蒙皮还存在技术困难,所以在分析气动收益过程中暂不考虑小翼变形的非定常气动特性,仅对比变形前后的定常气动特性。

3.6.1 变高度翼梢小翼的气动特性数值模拟

1. 不同高度小翼的计算模型

参考 KC-135 翼梢小翼的几何参数,并根据变高度翼梢小翼变形前后的状态,建立了两种不同高度的翼梢小翼模型,详细参数见表 3.1。主机翼模型为矩形翼,翼展 0.4m,弦长 0.1m,翼型为 NACA23016。由于计算模型比较简单,本书直接采用 CFD 前处理软件 Gambit 建立计算模型,如图 3.14 所示。

表 3.1 变高度翼梢小翼变形前后的几何参数对比

参数名称	变形前	变形后
翼根相对弦长	0.6	0.6
前缘后掠角/(°)	37	37
梢根比	0.34	0.34
相对高度/m	$0.135b/2$	$0.2b/2$
倾斜角/(°)	20	20
翼根安装角/(°)	-3.2	-3.2
翼尖扭转角/(°)	-2.5	-2.5

（a）$H=0.135b/2$　　　　　　　　　　　　　（b）$H=0.2b/2$

图 3.14 变高度翼梢小翼变形前后的 CFD 计算模型

2. 计算区域的离散化和网格无关性验证

计算区域的离散化是指对计算区域进行网格划分。CFD 计算之所以需要网格,是由所采取的算法决定的。当前的主流偏微分方程数值离散方法都是先计算节点上的物理量,然后通过插值求得节点间的值[95]。理论上,网格节点布置得越密集,得到的计算结果也越精确。但是网格不可能无限制地加密,这是因为网格越密,计算量越大,计算周期也更长,而计算资源是有限的。其次,随着网格的加密,计算机浮点运算造成的舍入误差也会增大。因此,在实际应用中,应该在计算精度与计算开销之间寻求一个比较合适的点,这个点所处的位置就是达到网格无关的阈值。所谓网格无关性验证,实际上是验证计算结果对于网格密度变化的敏感性,也就是不断改变网格的疏密程度,观察计算结果的变化。若计算结果的变化幅度在允许的范围之内,即可说明计算值已经与网格无关。

本书采用 C 型拓扑结构划分计算网格,在主机翼翼根平面至翼梢平面的区域内采用相同的结构网格,而在翼梢平面以外的区域根据小翼外形的变化采用不同的结构网格。为了保证计算精度,不仅对机翼前缘和后缘进行了必要的加密处理,还根据计算的附面层厚度对附面层内的网格进行了加密,如图 3.15 所示。

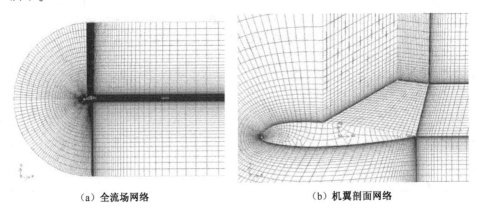

（a）全流场网络   （b）机翼剖面网络

图 3.15　CFD 计算网格

为了验证网格的疏密程度对计算结果的影响,制作了三套不同密度的计算网格。在 $Ma=0.3, \alpha=6°$ 的条件下分别计算了三套网格对应的机翼升阻力系数,并将它们的计算结果进行对比,详见表 3.2。

表 3.2　CFD 计算网格的无关性验证

网格编号	网格节点数	升力系数	阻力系数
1	854000	0.51659	0.03694
2	2331400	0.52602	0.03569
3	4472800	0.52913	0.03507

48

从表 3.2 可以看出,1 号网格与 2 号网格的计算结果偏差 $\Delta C_L = 1.8\%$,$\Delta C_D = -3.4\%$,而 2 号网格与 3 号网格的计算结果偏差 $\Delta C_L = 0.6\%$,$\Delta C_D = -1.7\%$。由此可见,网格的疏密程度对计算结果的影响较小,计算精度仅与机翼表面边界层网格的处理质量密切相关。综合考虑计算精度与计算资源的关系,最终选择 2 号网格划分方案(网格节点数 233 万)进行数值模拟。

3. 湍流控制方程与边界条件

Spalart-Allmaras 模型是专门针对航空领域提出的一种湍流模型,比较适合处理具有壁面边界的空气流动问题[96]。Spalart-Allmaras 模型的本质是求解模型化的(高雷诺数区域)运动涡(湍流)黏度方程,其湍动能输运方程为

$$\frac{\partial}{\partial t}(\rho v) + \frac{\partial}{\partial t}(\rho v u_i) = G_v + \frac{1}{\sigma_v}\left[\frac{\partial}{\partial x_j}\left\{(\mu + \rho v)\frac{\partial v}{\partial x_j}\right\} + C_{b2}\rho\left(\frac{\partial v}{\partial x_j}\right)2\right] - Y_v + S_v$$

(3.2)

式中,v 为运动黏度;G_v 为湍流黏度产生项;Y_v 为湍流黏度耗散项;S_v 为用户自定义的来源项;σ_v 和 C_{b2} 为常数。

针对起飞阶段的流场特性($Ma = 0.3$),采用 FLUENT 软件进行数值模拟,分别计算攻角 $\alpha = 0°$、$2°$、$4°$、$6°$、$8°$、$10°$、$12°$ 状态的机翼升阻力特性,计算残差收敛精度为 10^{-5}。由于计算状态属于高速可压缩问题,在进行数值模拟时选择压力远场(pressure-far-field)边界条件。该边界条件用来描述无穷远处的自由可压流动,要求边界远离关心的计算区域,一般在计算机翼升力时边界要取 25 倍弦长之外。本书的计算流场区域沿翼弦方向前取 30 倍弦长,向后取 50 倍弦长,沿展向取 10 倍展长。

4. 变高度翼梢小翼对机翼展向载荷分布的影响

由诱导阻力的产生机理可知,机翼展向载荷分布是影响诱导阻力的主要因素之一。此外,它还是机翼结构设计的主要依据,决定了机翼主承力结构的几何参数和布局方式,直接关系机翼的结构重量。根据翼根弯矩增量的约束条件,应当尽量避免气动载荷向机翼翼尖区集中,从而确保翼根弯矩不超出许用范围,因此讨论变高度翼梢小翼对机翼展向载荷分布的影响十分必要。

针对起飞阶段的流场特性($Ma = 0.3$,$\alpha = 6°$),分别计算了变高度翼梢小翼变形前与变形后的机翼表面气动载荷分布云图,结果如图 3.16 所示。其中,图 3.16(a)与(b)分别为变高度小翼变形前与变形后的机翼下翼面压力分布云图,可以看出,小翼变形前与变形后的机翼下翼面压力分布基本相同,说明变高度小翼对主机翼下翼面的压力分布没有影响;同理,由图 3.16(c)与(d)可以看出变高度小翼对主机翼上翼面的压力分布也没有影响。图 3.16(e)与(f)是变形前与变形后小翼外侧表面压力分布的对比图,可以看出翼梢小翼外侧表面的压力

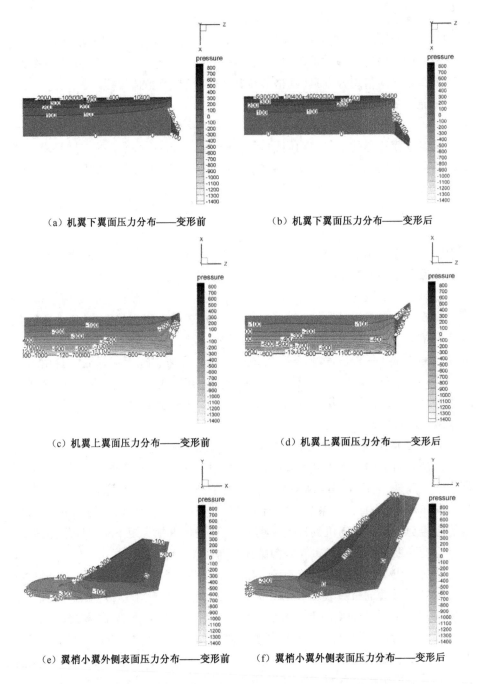

（a）机翼下翼面压力分布——变形前　　　（b）机翼下翼面压力分布——变形后

（c）机翼上翼面压力分布——变形前　　　（d）机翼上翼面压力分布——变形后

（e）翼梢小翼外侧表面压力分布——变形前　　（f）翼梢小翼外侧表面压力分布——变形后

图 3.16　变高度翼梢小翼对机翼展向载荷分布的影响(变形前后对比)

分布在变形前后有明显区别,具体表现为变形后的小翼外侧表面的零压力等值线向小翼后缘移动,且小翼前缘出现数值为 100 的等压线,说明增大小翼的高度会增加小翼外侧表面的压力。这是因为随着小翼高度的增加,小翼对翼尖区气流从下表面向上表面的绕流有一定的抑制作用,小翼外侧气流的静压增加所致。这种现象削弱了翼尖涡的下洗作用,有利于降低机翼的诱导阻力。但是,小翼表面也会产生一个向上、向内的气动载荷增量,这个力首先传递到小翼与机翼连接处,如果是刚性连接,则直接对机翼根部产生一个弯矩增量,这将对机翼结构强度带来负面影响。从本书 2.3 节的优化设计可知,机翼翼根弯矩增量并未超出许用范围,不会对结构安全构成危害。但应该注意,在实际使用的过程中,变高度翼梢小翼必须在限定的范围内变形,否则会影响机翼结构的安全从而酿成飞行事故。

5. 变高度翼梢小翼对翼梢尾涡流场控制的影响

针对飞机起飞阶段的流场特性($Ma = 0.3, \alpha = 6°$),分别计算了距离机翼后缘下游 $x/c = 0.5, 1, 2$ 三个截面位置的涡量云图,结果见图 3.17(c 为机翼的平均气动弦长)。以距机翼后缘 $x/c = 0.5$ 的截面为例进行说明,当变高度翼梢小翼处于初始高度 $H = 0.135b/2$ 时,翼尖尾涡较为集中且强度较大(涡核处的涡量约为 1021.4s^{-1}),而且涡核距离主机翼较近(沿 Y 轴方向的距离约为 60mm),其自身的强下洗作用将带来一部分额外的诱导阻力增量,如图 3.17(a)所示。而当小翼高度增加至 $H = 0.2b/2$ 时,翼尖尾涡强度明显降低(涡核处的涡量约为 766.7s^{-1},降幅约为 30.2%),说明变高度小翼对翼尖涡的耗散作用更高。此外,与变形前的小翼相比,变形后的翼尖涡涡核与主机翼的距离增大至 76mm,见图 3.17(b)。这种现象不仅有利于减小机翼的诱导阻力,还能进一步降低翼尖尾涡对机场空域的影响。分析其原因为:随着小翼高度的增加,机翼翼尖区气流的展向流动趋势减弱,翼梢分离出的自由剪切层(即涡量输送面)的强度显著降低,因此由自由剪切层卷绕而形成的翼尖涡强度也有所减弱。

6. 变高度翼梢小翼对机翼升阻力特性的影响

针对起飞阶段的流场特性($Ma = 0.3, \alpha = 0 \sim 12°$),计算了小翼变形前后机翼的升阻力系数,在此基础上研究变高度翼梢小翼对机翼升阻力特性的影响,结果见图 3.18。从图 3.18(a)可以看出,在 0° ~ 12° 迎角范围内机翼的升力系数随着小翼高度的增加而增大,而且随着迎角的增加升力系数的改善幅度更加显著。以起飞阶段的流场特性为例($C_L = 0.54$,对应的迎角约为 6°),变高度翼梢小翼可将机翼的升力系数提高 5.2%。这是因为增大小翼的高度相当于增加机翼的有效展弦比和迎风面积,在相同迎角条件下获得的升力更大。图 3.18(b)是变高度小翼变形前后的升阻力极曲线。可以看出,在低升力状态增加小翼的高度

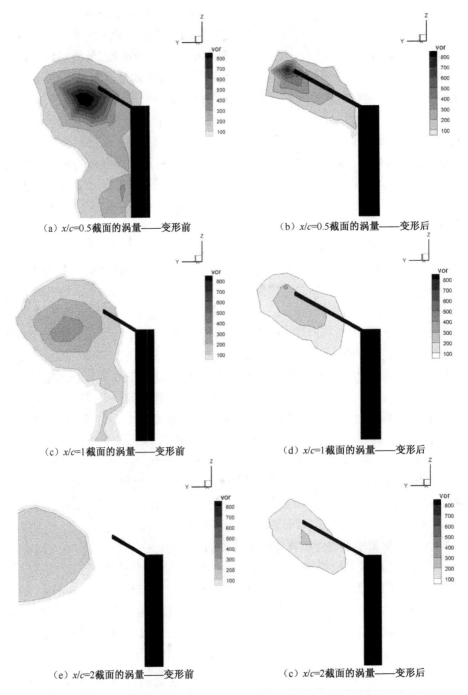

（a）*x/c*=0.5截面的涡量——变形前　　　　　　　（b）*x/c*=0.5截面的涡量——变形后

（c）*x/c*=1截面的涡量——变形前　　　　　　　（d）*x/c*=1截面的涡量——变形后

（e）*x/c*=2截面的涡量——变形前　　　　　　　（c）*x/c*=2截面的涡量——变形后

图 3.17　变高度翼梢小翼对翼尖涡流场的影响（变形前后对比）

52

对机翼阻力的影响较小,而在高升力状态增加小翼的高度能显著减小机翼的阻力。这是因为在低升力状态下,机翼的型阻是总阻力的主要部分,而诱导阻力是次要部分。增大翼梢小翼的高度引起的压差阻力和摩擦阻力增量与诱导阻力的减少量相当,因此变高度小翼对机翼总阻力的改善作用不明显。而在高升力状态,诱导阻力是总阻力的主要部分,型阻是次要部分。增加翼梢小翼的高度引起的诱导阻力减少量大于压差阻力和摩擦阻力增量,因此变高度小翼对机翼阻力的改善作用显著增强。以起飞阶段($C_L = 0.54$)为例,变高度翼梢小翼能将机翼的阻力系数降低 1.2%。图 3.18(c)是变高度小翼变形前后对机翼升阻比的影响,可以看出随着迎角的增大,变高度小翼对机翼升阻比的提升作用也逐渐增强。在飞机的起飞阶段(迎角约为 6°),变高度小翼可将机翼的升阻比提高 3.8%。

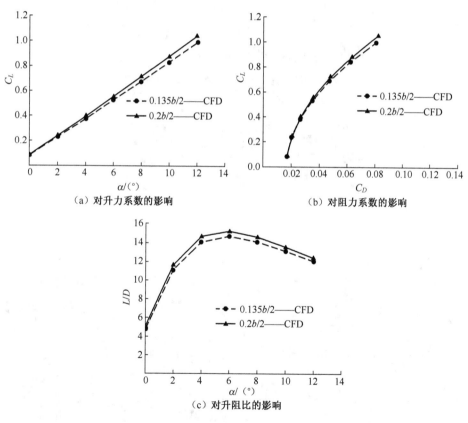

图 3.18　变高度翼梢小翼对机翼升阻力的影响(变形前后对比)

3.6.2 变高度翼梢小翼的风洞试验

1. 机翼模型与实验设备

针对变高度翼梢小翼变形前后的状态,制作了两种不同高度的翼梢小翼模型(图3.19),通过翼尖尾涡流场扫描和风洞测力实验研究其对机翼翼尖尾涡流场和升阻力特性的影响。风洞试验在南京航空航天大学空气动力学系低速风洞中进行,风洞开口实验段截面为矩形,高1m,宽1.5m,实验段长1.7m,最大风速40m/s。机翼模型垂直安装在水平转盘上,旋转水平转盘即可改变机翼模型的迎角。水平转盘与风洞开口截面下边线处于同一水平面,模型的翼尖位于风洞中心轴线上,见图3.20。主机翼模型采用铝合金材料,翼展0.4m,弦长0.1m,翼型为NACA23016。翼梢小翼安装在机翼翼尖位置。实验风速 $V_\infty = 26\text{m/s}$,以模型气动弦长为参考长度的 Re 数为 1.78×10^5。

图 3.19 两种不同高度的小翼模型

图 3.20 机翼与翼梢小翼的安装示意图

54

翼尖尾涡流场扫描实验采用七孔探针尾流流场扫描测量方法[97]。七孔探针是一种多孔压力探头,可以测量三维速度场、方向场、流场当地的总压和静压。实验使用的七孔探针外径为 4mm,对流场的干扰较小,其测速精度为 1%,角度分辨率为 0.3°,最大气流偏角可测至±60°。七孔探针由两自由度数控坐标架移动进行翼尖尾涡空间流场扫描测量,坐标架的最小步长为 0.01mm。尾流测试系统由七孔探针、数控坐标架、多通道压力传感器、数据采集卡和处理软件组成[98]。实验时机翼迎角 $\alpha = 6°$,在机翼后缘选取了三个测量截面,与机翼后缘的距离分别为 0.5c、1c 和 2c(c 表示机翼弦长)。每个测量截面的测点为正方形网格分布,相邻测点间距为 10mm,测试区域大小为 120mm×120mm。实验数据采用 Tecplot 进行后处理,得到了机翼后缘三个截面的涡量云图,据此分析变高度翼梢小翼对翼尖尾涡流场的影响。

风洞测力实验采用六分量应变天平测力系统,该系统包括六分量应变天平、天平信号放大器、数据采集卡及处理软件。天平最大量程 3kg,测试精度为 0.5%。在 0°~12°迎角范围内分别测试了两种不同高度的翼梢小翼对机翼升阻力的影响,在此基础上分析变高度翼梢小翼对机翼升阻力特性的影响。

2. 变高度翼梢小翼对翼梢尾涡流场的影响

图 3.21 为变高度翼梢小翼变形前后机翼后缘的涡量云图。从图 3.21(a)、(c)、(e)可以看出,当翼梢小翼处于初始高度 0.135$b/2$ 时,其对翼尖尾涡具有一定的耗散作用,具体表现为:翼梢小翼自身会产生一个强度较小的尾涡,它与机翼翼尖集中涡距离很近,形成一对旋转方向相同的涡束。这两股涡相互缠绕,在相遇处各自的诱导速度方向相反,彼此互相耗散能量,并在 2c 截面处逐渐融合形成一个强度较小的集中涡。而图 3.21(b)、(d)、(f)显示,当变高度翼梢小翼的高度增加至 0.2$b/2$ 时,翼尖尾涡的耗散程度更高,涡核强度也显著降低。以距机翼后缘 0.5c 的截面为例进行说明,变形前翼尖尾涡涡核尺寸较大,最大涡量约为 1543.2s^{-1},见图 3.21(a);而变形后翼尖尾涡涡核尺寸有所减小,最大涡量为 476.1s^{-1},下降幅度为 69.2%,说明增加翼梢小翼的高度能有效削弱翼尖尾涡强度,见图 3.21(b)。此外,小翼变形前的翼尖涡涡核距主机翼的距离约为 20mm(Y 轴方向),而小翼变形后的翼尖涡涡核距主机翼的距离增大至 50mm(Y 轴方向),说明翼尖尾涡涡核的空间位置随着小翼高度的增加而愈加远离机翼,旋涡对机翼的下洗作用逐渐减弱,有利于降低机翼的诱导阻力。但是增大翼梢小翼的高度使机翼翼尖区的流场变得更复杂,特别是小翼与机翼的结合部位流场特性比较紊乱,这可能会带来一部分额外的阻力增量。

3. 变高度翼梢小翼对机翼升阻力的影响

图 3.22 是变高度翼梢小翼变形前后对机翼升阻力的影响。实验结果表明,

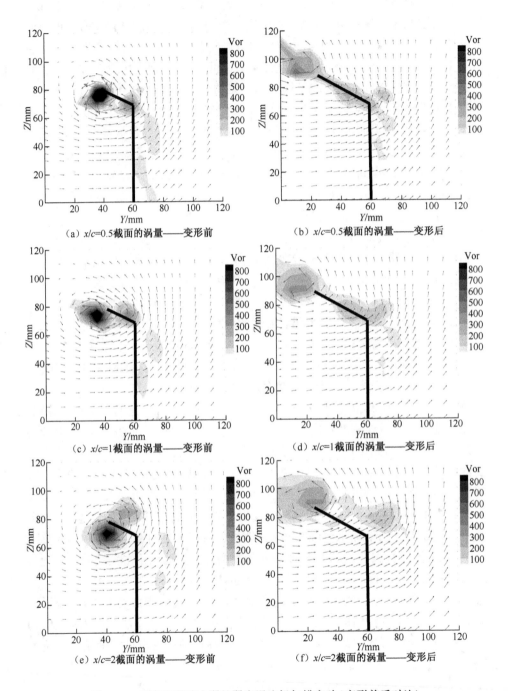

（a）x/c=0.5截面的涡量——变形前

（b）x/c=0.5截面的涡量——变形后

（c）x/c=1截面的涡量——变形前

（d）x/c=1截面的涡量——变形后

（e）x/c=2截面的涡量——变形前

（f）x/c=2截面的涡量——变形后

图 3.21　变高度翼梢小翼的翼尖涡流场扫描实验（变形前后对比）

在 0~12°迎角范围内机翼的升力系数随着小翼高度的增加而增大,且增大的幅度随着迎角的增大而增加。在 6°迎角时,翼梢小翼的高度从 0.135b/2 增大至 0.2b/2,可使机翼的升力系数提高 3.5%,如图 3.22(a)所示。图 3.22(b)显示,阻力系数随着小翼高度的增加而减小,以起飞阶段的流场特性为例(C_L = 0.54),翼梢小翼的高度从 0.135b/2 增大至 0.2b/2,机翼的阻力系数下降了 6.9%。图 3.22(c)给出了变高度翼梢小翼对机翼升阻比的影响,可以看出增大翼梢小翼的高度能显著改善升阻比。以 6°迎角为例,增大翼梢小翼的高度可将机翼的升阻比提高 11.2%。

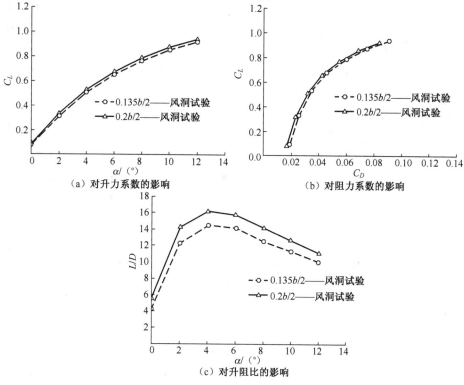

（a）对升力系数的影响　　　　（b）对阻力系数的影响

（c）对升阻比的影响

图 3.22　变高度翼梢小翼的风洞测力试验(变形前后对比)

对比风洞试验与 CFD 计算的结果可以看出,两者的趋势走向基本吻合,都可以说明变高度翼梢小翼能改善飞机的起飞性能。但是风洞试验结果与 CFD 计算数据尚存在较大的误差,产生误差的原因可分为三类:①两者的来流速度不同。由于本书主要研究变体翼梢小翼对飞机起飞性能的影响,因此 CFD 计算时的自由流速度 V_∞ = 0.3Ma,流速与实际情况相符。而风洞试验由于条件所限,是在自由流速度 V_∞ = 26m/s 条件下进行的,这是产生误差的主要原因。②CFD

计算程序的误差。目前,CFD 软件在阻力计算方面的精度还有待提高,计算值通常大于实验值,这是产生误差的另一个原因。③机翼与翼梢小翼实物模型的加工误差及风洞试验的测量误差。鉴于本书的研究属于机理验证,且 CFD 计算和风洞试验的趋势相吻合,因此这些误差可以接受。

3.7　本章小结

为了实现翼梢小翼高度的动态变化,本书根据变高度翼梢小翼的变形范围和受力特征,提出了一种用于变高度翼梢小翼的伸缩栅格,重点论述了伸缩栅格的工作原理与特性。在此基础上建立了伸缩栅格的力学模型,从运动学的角度分析了伸缩栅格的力学行为和运动特性,推导了它的运动方程;通过数值模拟和模型实验,研究了伸缩栅格的运动学特性,并对伸缩栅格的控制原理和控制方法进行了探索。最后采用 CFD 数值模拟和风洞试验相结合,研究了变高度翼梢小翼对机翼的展向载荷分布、翼梢尾涡流场控制、升阻力特性和翼根弯矩的影响,分析了变高度翼梢小翼的优缺点。

运动学仿真结果表明,伸缩栅格的伸缩率最高可达 13.9%;在伸缩周期小于 4.4s 的约束条件下,所需的电机扭矩为 970.9N·mm;伸缩栅格的高度变化量与电机累计输出转角满足关系式(3.1)。模型实验显示,变高度翼梢小翼模型的最大伸缩率为 12.1%,所需电机扭矩为 1500N·mm,模型的高度变化量与电机累计输出转角的关系与关系式(3.1)相比存在 7% 的误差。这些误差是由运动关节摩擦、装配误差及层板翼肋变形等因素引起的。此外,伸缩栅格的机械效率为 24.7%,效率较低,主要原因是采用的驱动方式属于费力杠杆,需要进一步优化驱动方式,提高驱动效率。

针对飞机起飞阶段的流场特性进行了 CFD 仿真,结果表明增大翼梢小翼的高度对主机翼的展向载荷分布影响较小,而小翼外侧表面的载荷明显增强,将引起一部分翼根弯矩增量。另外,随着小翼高度的增加,机翼的翼尖尾涡强度逐渐减弱。以距机翼后缘 $0.5c$ 的截面为例,小翼的高度从 $0.135b/2$ 增加至 $0.2b/2$,翼尖尾涡涡核处的涡量降低约 30.2%。此外,增大小翼的高度还能有效增加机翼的升力系数,阻力系数也得到一定改善。以飞机起飞阶段的流场特性为例,变高度翼梢小翼能将机翼的升力系数提高 5.2%,升阻比提高 3.8%。风洞试验显示,变高度翼梢小翼变形后,距机翼后缘 $0.5c$ 截面的涡量降低幅度最大可达 69.2%。具体表现为翼尖尾涡向周围扩散,旋涡涡核逐渐远离机翼。此外,增大翼梢小翼的高度还能将机翼的升力系数提高 3.5%,升阻比提高 11.2%。

58

第4章　用于变倾斜角翼梢小翼的 SMA 弹簧驱动机构

4.1　变倾斜角翼梢小翼驱动机构的技术要求

从系统功能的角度考虑,为了实现所需的变形动作和变形幅度,驱动机构必须具有较好的变形能力,采用的驱动器也必须能克服变形过程中的气动载荷。根据本书 2.3 节的分析,当变体翼梢小翼采用仅改变倾斜角的变形方式时,倾斜角的最佳变化范围为 20°~42°。因此,驱动机构应使翼梢小翼的倾斜角变化范围大于或等于最佳变化范围。

从结构设计的角度考虑,驱动机构的结构重量和几何尺寸也应满足要求。由于翼梢小翼的内部空间有限,所使用的驱动机构应具有结构简单、重量轻、驱动效率高等特点。智能材料的结构与功能一体化特性可满足此要求[99-102]。形状记忆合金(Shape Memory Alloy, SMA)是目前应用最广泛的智能材料之一,具有较大的功重比,最大回复应变可达 8%[103-104],将其制成螺旋弹簧可提供较大的驱动行程,比较适合作为大变形结构的驱动器[105]。

从控制方法的角度考虑,驱动机构应满足以下要求:变形过程的原理简单,不需要复杂的控制方法和控制系统,有利于提高控制系统的鲁棒性;变形动作的实时性好,不会产生迟滞现象,有利于提高控制系统的频响特性;运动方程的物理意义明确,求解方法简单,有利于提高控制系统的精度。

4.2　SMA 弹簧驱动机构的工作原理

本书提出的变倾斜角翼梢小翼方案由小翼基体和与之相连的驱动机构组成,如图 4.1(a)~(c)所示。驱动机构由翼梁和 SMA 弹簧驱动器组成,弹簧的两端固定在翼梢小翼翼肋上,弹簧记忆长度为 L_0,经预拉伸后长度为 $L_0+\delta$。对 SMA 弹簧驱动器施加控制电流,弹簧温度开始增加;当温度高于奥氏体相变开始温度 T_{AS} 时弹簧开始收缩,并在此过程中产生相变回复力 F_{SME} 驱动翼梁产生弯曲变形,带动小翼基体偏离初始位置,从而改变翼梢小翼的倾斜角,调节控制电流的大小即可控制翼梢小翼的偏转幅度。该驱动机构采用12根弹簧驱动4根翼梁的布局方式,6根弹簧为一组,分别安装在梁的两侧组成差动式驱动系统。对差动式系统的两组弹簧相继施加控制电流,可使小翼沿机翼展向往复偏转。驱动机构的实物模型见图4.1(d),翼梁为玻璃钢材料、翼梢小翼翼肋为航空层板材料,翼肋上安装两组(共12根)SMA弹簧驱动器。翼梁的几何尺寸为80mm×10mm×1mm,杨氏模量为$2.21×10^{10}$Pa。采用弹性橡胶材料作为驱动机构的蒙皮,其对翼梢小翼偏转动作影响较小。由于KC-135翼梢小翼的翼根相对弦长为0.6,小翼前缘与机翼前缘不重合,存在一个缺口,这给模型加工带来一定的困难,因此在加工时将小翼的相对弦长改为1。针对飞机起飞阶段的流场特性,对修改后的小翼重新进行了气动优化,得到变倾角小翼的最佳变形范围:当飞机从静止状态加速至马赫数0.1时,变倾角翼梢小翼的倾斜角从15°增加至42°并保持不变;当飞机加速至抬前轮离地速度马赫数0.3时,小翼的倾斜

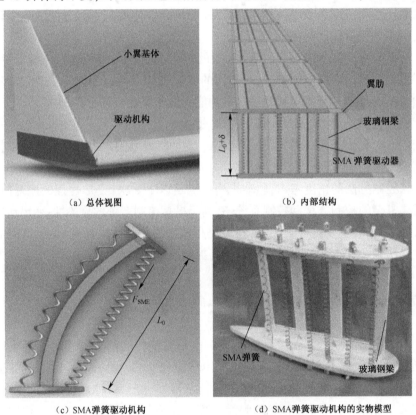

（a）总体视图 （b）内部结构

（c）SMA弹簧驱动机构 （d）SMA弹簧驱动机构的实物模型

图4.1　变倾斜角翼梢小翼示意图

角从 42°回复至 27°并保持不变;当飞机速度达到初始上升速度马赫数 0.35 时,小翼的倾斜角从 27°回复至 25°,直至飞机到达巡航状态时再回复至 15°。

4.3 SMA 弹簧驱动器设计

4.3.1 SMA 弹簧驱动器的基本状态方程

形状记忆效应和相变伪弹性是形状记忆合金的基本特性。由于 SMA 的记忆特性与温度密切相关,因此 SMA 弹簧的力学特性与普通弹簧不同[106-108],主要表现为:

(1) 普通弹簧的应力—应变曲线呈线性关系,而 SMA 弹簧呈非线性关系。

(2) 普通弹簧的力学特性与温度无关,而 SMA 弹簧的力学特性与温度密切相关。

(3) 普通弹簧加载与卸载过程的特性曲线是重合的,而 SMA 弹簧的特性曲线不重合,存在温度滞后或应变滞后现象。

本质上,形状记忆合金的特性包含回复力、应变、温度三个要素。从物理学角度考虑,三要素的关系如下

$$\tau = \tau(\gamma, T) \tag{4.1}$$

式中,τ 为剪切应力;γ 为剪切应变;T 为温度。

从静力学角度考虑,SMA 弹簧应满足平衡方程

$$PD/2 = \int_A \tau(\gamma, T) r dA \tag{4.2}$$

式中,P 为负载;D 为弹簧中径;A 为弹簧丝的横截面积;r 为弹簧丝的半径。

从几何学角度考虑,SMA 弹簧还应满足应力—应变关系

$$\delta = \frac{D}{2} \int_S \frac{2\gamma}{d} ds \tag{4.3}$$

式中,δ 为弹簧的变形量;d 为弹簧丝的直径;s 为弹簧丝的长度。

在实际应用中,SMA 弹簧存在三种基本状态以及各状态下对应的关系式:

(1) 等温状态和该状态下负载与应变的关系

$$\frac{\partial \omega}{\partial \gamma_{max}} = \frac{\pi n D^3}{d^4} \left(\frac{\partial P}{\partial \delta} \right) \tag{4.4}$$

式中,$\omega = PD/d^3$;n 为弹簧的有效圈数。

(2) 等负载状态和该状态下应变与温度的关系

$$\frac{\partial \omega}{\partial T} = \frac{d}{\pi n D^2} \left(\frac{\partial \delta}{\partial T} \right) \tag{4.5}$$

61

（3）等应变状态和该状态下负载与温度的关系

$$\frac{\partial \omega}{\partial T} = \frac{D}{d^3}\left(\frac{\partial P}{\partial T}\right) \tag{4.6}$$

4.3.2 SMA 弹簧驱动器的设计方法

根据变倾角翼梢小翼对驱动系统的要求，SMA 弹簧必须输出足够大的相变回复力才能使变倾角翼梢小翼克服气动载荷实现变形。若已知所需的相变回复力，可通过剪切弹性模量法设计变体机构所需的 SMA 弹簧[106,109]。首先根据 CFD 计算得到翼梢小翼表面的气动载荷，在此基础上确定 SMA 弹簧在高温时的载荷 F_H、低温载荷 F_L 和工作行程 $\Delta\delta$，具体设计步骤如下：

（1）确定最大剪切应变 γ_{max}。形状记忆合金的 γ_{max} 与循环使用次数有关。γ_{max} 越小，循环寿命越长。以 Nitinol SMA 为例，当取 100 万次的循环寿命时，可将 γ_{max} 定为 0.8%；如循环寿命为几万次时，γ_{max} 可定为 1.5%。本书将 γ_{max} 设为 1.5%。由于 Nitinol SMA 在马氏体状态下的剪切弹性模量较小，在相同载荷条件下，此时的切应变较大，因此 $\gamma_{max}=\gamma_L$。

（2）确定奥氏体状态下的剪切应变 γ_H。剪切应变 γ 与载荷 F 成正比，与弹性模量 G 成反比，因此可得奥氏体状态的剪切应变 γ_H：

$$\gamma_H = \frac{F_H G_L}{F_L G_H}\gamma_L \tag{4.7}$$

（3）确定奥氏体状态时的剪切应力 τ_H：

$$\tau_H = \gamma_H G_H \tag{4.8}$$

（4）设定弹簧指数 $C=6$，计算应力修正系数 k 值：

$$k = \frac{4C-1}{4C-4} + \frac{0.615}{C} \tag{4.9}$$

（5）计算弹簧簧丝直径 d 和弹簧中径 D：

$$d = \sqrt{\frac{8kF_H C}{\pi \tau_H}} \tag{4.10}$$

$$D = Cd \tag{4.11}$$

（6）计算弹簧的有效圈数 n：

$$n = \frac{\delta d}{\pi \Delta\gamma D^2} \tag{4.12}$$

至此，得到了 SMA 螺旋弹簧的全部几何参数 d、D、n 值。

本书设计的弹簧具体参数为：弹簧丝直径 0.5mm，弹簧直径 3mm，有效圈数 14，记忆长度 $L_0=15$mm，预拉伸长度 $L_0+\delta=80$mm。采用电炉对 SMA 弹簧进行热处理与训练,在 0.5h 内将炉内温度从室温升高至 450℃(加热速率为 12~18℃/min),保持 1h 后随炉冷却至室温,可使 SMA 弹簧保持记忆长度。

4.3.3 SMA 弹簧驱动器的力–电–热耦合特性

在 25℃室温、65%湿度和变载荷条件下测试了 SMA 弹簧驱动器的力–电–热耦合特性。将 SMA 弹簧驱动器一端固定在实验台上,另一端与偏置弹簧连接,通过偏置弹簧的应变计算 SMA 弹簧驱动器的相变回复力。采用 SMART SENSOR AR300 型红外测温仪测量 SMA 弹簧的温度,其最大量程为 −32~300℃,测量精度±2℃,分辨率 0.1℃。图 4.2(a)为 SMA 弹簧驱动器的温度—控制电流关系曲线。在控制电流的加载过程中,SMA 弹簧驱动器的温度随控制电流的增加而逐渐上升;而在控制电流的卸载过程中,SMA 弹簧驱动器的温度随控制电流的减小而逐渐降低。

图 4.2(b)为 SMA 弹簧驱动器的相变回复力—控制电流关系曲线。在控制电流的加载过程中,当控制电流小于 0.4A 时,SMA 弹簧驱动器的相变回复力为 0N,这是由于此时弹簧驱动器的温度低于奥氏体相变开始温度 T_{AS},弹簧驱动器尚未开始收缩,因此其力学输出特性存在一定的迟滞效应。产生迟滞效应的根本原因是 SMA 材料的非线性和热滞后特性,即 SMA 材料的奥氏体相变开始温度 T_{AS} 较高,且与奥氏体相变结束温度 T_{AF} 之间的温差也较大。本书采用的激励方式是利用电流的焦耳效应加热 SMA 弹簧驱动器,而 SMA 弹簧驱动器的发热功率正比于电阻率和电流的平方,因此电阻率和电流越大,发热功率也越大,温度升高得也越快。当控制电流等于 0.4A 时,SMA 弹簧驱动器的温度达到 30.2℃,此时弹簧驱动器开始收缩并产生相变回复力。此后,随着控制电流的增加,相变回复力持续增大;当控制电流在 0.8~1.4A 范围内,低温马氏体相快速转变为高温奥氏体相,导致 SMA 弹簧驱动器急剧收缩,因此相变回复力增长较快;而当控制电流在 1.4~2.4A 范围内,奥氏体相变趋于完成,弹簧驱动器的收缩幅度较小,相变回复力增长缓慢;当控制电流达到 2.4A 时,相变回复力达到最大值 5.5N,对应的温度为 102.8℃;此后继续增大控制电流,相变回复力不再变化,表明奥氏体相变已经完成。

在控制电流的卸载过程中,当控制电流在 3.0~1.0A 范围内,虽然 SMA 弹簧驱动器的温度降幅较大(从 140℃降至 40℃),但相变回复力缓慢减小,与温度的变化率相比存在一定的迟滞效应。这是由于偏置弹簧施加在 SMA 弹簧驱动器上的应力诱发奥氏体相变,导致 SMA 弹簧驱动器表现出较强的收缩性,因此相变回复力变化缓慢。当控制电流在 1.0~0.4A 范围内,SMA 弹簧驱动器的温度与所受的应力持续降低,此时相变回复力迅速减小。当控制电流降为 0A

时,相变回复力最终降为 0N。

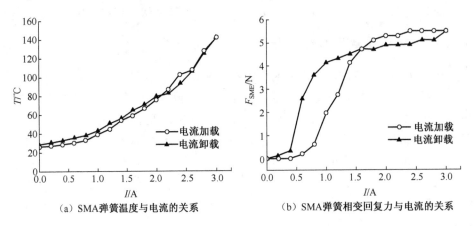

（a）SMA 弹簧温度与电流的关系   （b）SMA 弹簧相变回复力与电流的关系

图 4.2　SMA 弹簧驱动器的力-电-热耦合特性

4.4　SMA 弹簧驱动机构的力学特性

4.4.1　SMA 弹簧驱动机构的受力分析

　　首先分析 SMA 弹簧驱动机构的外部受力特征。翼梢小翼处于两种气流的混合流场中,一种是自由流 V_∞,另一种是翼尖涡流引起的侧洗流 W,详见 2.1 节的图 2.3。V_∞ 与 W 形成相对于翼梢小翼的局部来流 V_{Local},它作用在翼梢小翼上产生一个垂直于局部来流的侧向力 ΔL,同时还产生一个平行于局部来流的诱导阻力 ΔD_i。由于翼梢小翼有一定的外倾角,侧向力 ΔL 在机翼升力方向有一个投影,这是翼梢小翼产生的附加升力 ΔY。ΔL 和 ΔD_i 在自由流方向的投影之和是翼梢小翼产生的向前推力 ΔF,而在垂直于自由流方向的投影之和即为作用在翼梢小翼表面的气动载荷 R。若要在飞行中改变翼梢小翼的倾斜角,所采用的驱动机构必须能克服小翼表面的气动载荷 R。

　　其次,分析 SMA 弹簧驱动机构的内部受力情况。该驱动机构可简化为一个悬臂梁结构,如图 4.3 所示。悬臂梁的自由端受到一个由翼梢小翼气

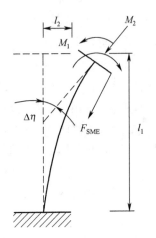

图 4.3　SMA 弹簧驱动机构的
内部受力情况

64

动载荷引起的弯矩 M_1 和一个大小可控的弯矩 M_2(由 SMA 弹簧驱动器的相变回复力产生)的共同作用。当 M_2 大于 M_1 时,悬臂梁即产生偏转角,相当于改变了翼梢小翼的倾斜角。

4.4.2　SMA 弹簧驱动机构的运动方程

由图 4.3 可以看出,悬臂梁的端部偏转角即为翼梢小翼的倾斜角变化量,可由下式求出:

$$\Delta\eta = \frac{(F_{SME}l_2 - M_1)l_1}{EI} \tag{4.13}$$

式中,l_1 代表梁的长度;l_2 是相变回复力引起的力矩的力臂;EI 是梁的抗弯刚度。式(4.13)为变倾角翼梢小翼的控制方程,建立了 SMA 弹簧驱动器的相变回复力与小翼倾斜角变化量的对应关系。

4.4.3　SMA 弹簧驱动机构的变形特性数值模拟

以上述驱动机构为基础,采用三维建模软件 SolidWorks 建立变倾角翼梢小翼的三维几何模型,通过商业有限元软件 ANSYS Workbench 将几何模型转化为有限元模型,分析倾斜角的极限变化量与控制电流的对应关系,如图 4.4 所示。仿真时将翼梢小翼翼根定义为固定约束,而翼尖为自由端,暂不考虑弹性蒙皮对变形能力的影响。为了研究气动载荷对变倾角翼梢小翼极限变形能力的影响,分别在两种情况下进行仿真。

1. 无气动载荷条件下的变形特性

在这种情况下,翼梢小翼的倾斜角变化量仅由 SMA 弹簧驱动器的相变回复力控制。当对差动式系统的一组弹簧驱动器施加 2.4A 的控制电流时,倾斜角可在 15°~55.9°范围变化,最大变化量为 40.9°,如图 4.4(a)所示。

2. 有气动载荷条件下的变形特性

在这种情况下,翼梢小翼的倾斜角变化量由 SMA 弹簧驱动器的相变回复力与小翼的气动载荷共同控制。通过 CFD 分别计算翼梢小翼的倾斜角在 15°~90°范围内对应的气动力矩,并将其与 SMA 弹簧驱动器的相变回复力输入 ANSYS 进行耦合求解,最终确定翼梢小翼倾斜角的最大变化量。

计算结果表明,当飞机速度为马赫数 0.1 时,变倾角翼梢小翼的倾斜角可在 15°~41.1°范围变化,最大变化量为 26.1°,对应的 SMA 弹簧驱动器的控制电流为 2.4A;当飞机速度达到马赫数 0.3 时,变倾角翼梢小翼的倾斜角可在 15°~26°范围变化,最大变化量为 11°,对应的控制电流为 2.4A;而当飞机速度达到马赫数 0.35 时,变倾角翼梢小翼的倾斜角可在 15°~24.1°范围变化,最大变化量为 9.1°,对应的控制电流为 2.4A,如图 4.4(b)~(d)所示。

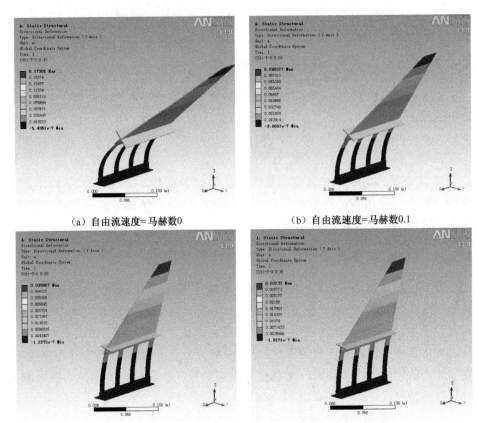

（a）自由流速度=马赫数0   （b）自由流速度=马赫数0.1

（c）自由流速度=马赫数0.3   （d）自由流速度=马赫数0.35

图 4.4　变倾斜角翼梢小翼的有限元模型

4.5　SMA 弹簧驱动机构的控制方法

4.5.1　SMA 驱动器的典型控制方法

　　鉴于 SMA 材料的高度非线性、温度滞后和时变等特性,对其进行精确控制一直是各国学者关注的热点。目前已开发了多种有效的闭环控制方法,比较典型的方法是通过温度传感器和位置传感器测量 SMA 驱动器的温度和位移信息,将这些信息作为反馈信号输入控制单元,并不断调节 SMA 驱动器的激励电流,从而实现精确控制 SMA 驱动器的输出量[110-112]。此外,相关的控制算法也是

66

实现精确控制的关键步骤,典型的控制算法包括比例-积分-微分法(PID控制)、模糊控制等[113]。

4.5.2　SMA弹簧驱动机构的闭环控制方法

本书采用PID方法控制变倾角翼梢小翼的变形量,采用上位机、可程控直流电源、电阻式应变计、动态应变放大器、数据采集卡与SMA驱动机构组成闭环控制系统。首先对电阻应变计进行标定,获得小翼的倾斜角与玻璃钢梁应变的对应关系;将所需倾斜角的应变信息作为目标信号输入上位机,上位机发出指令控制直流电源的输出电流从零开始按一定速率上升,激励变倾角翼梢小翼产生变形动作;同时采用电阻应变计测量驱动机构内部玻璃钢翼梁的应变,应变计输出的电压信号经动态应变放大器放大,由数据采集卡输入上位机,上位机根据预先编制的程序将应变转换成倾斜角,并判断其是否达到目标值,若未达到目标值则继续增大输出电流;若已达到目标值则停止增大电流,并通过电流闭环补偿使输出电流保持稳定;若已超过目标值则按一定速率降低输出电流的大小。图4.5为控制系统框图。

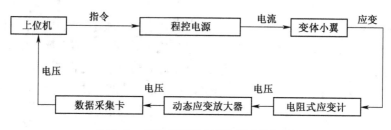

图4.5　变倾角翼梢小翼控制系统框图

上位机控制程序采用LabVIEW软件编写,程序包含串口配置、数据采集、数据处理及控制、数据显示四个部分。串口配置部分用于设置波特率、数据位、校验码等串口参数;数据采集部分使用DAQ模块采集动态应变放大器的电压信号;数据处理及控制部分的作用是将采集的电压数据转换为小翼的倾斜角,与目标值比较后发出串口指令控制程控电源的输出电流;数据显示部分可以实时显示采集的电压波形,监视实验进程。图4.6为LabVIEW控制程序界面。

4.5.3　变倾角翼梢小翼的闭环控制实验

1. 实验设备与实验条件

将PC作为上位机,通过RS232端口与可程控直流电源建立通信,可程控直流电源选择Chroma 62012P-80-60,其最大输出电压为80V,最大输出电流为

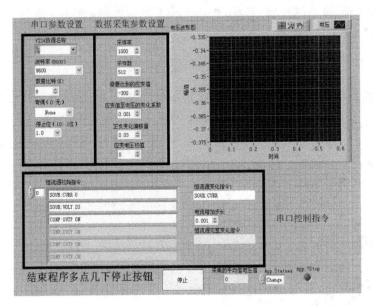

图 4.6　LabVIEW 控制程序界面

60A,最大输出功率为 1200W,并具有输出电压、电流测量与补偿功能。选用浙江黄岩测试仪器厂的 BX120-0.5AA 型电阻应变计测量玻璃钢翼梁的应变,其灵敏系数为 2.08×(1±1%)。根据有限元仿真结果确定翼梁的应力集中部位,在此部位对称地贴两片应变计,并在梁的零应力部位贴两片应变计作为补偿片组成惠斯顿电桥。应变计输出的电压信号经 KYOWA DPM-900A 动态应变放大器放大,通过 NI 6024E 数据采集卡将应变信号输入上位机。上位机的 LabVIEW 程序负责采集应变信号、计算并判断当前的倾斜角是否达到预期值,随后发出指令调节 Chroma 62012P-80-60 的输出电流,控制变倾角翼梢小翼的倾斜角。实验时串口参数的波特率为 9600,应变信号的采样率为 1000Hz,程控电源的输出电流变化步长为 0.001A,图 4.7 为实验设备系统。实验前首先对电阻应变计进行标定,本书采用动态应变仪测量小翼倾斜角从最小状态运动至最大状态对应的应变,通过数码摄像机记录整个变形过程中小翼的位置和对应的应变,对图像进行分析即可得到变倾角翼梢小翼的倾斜角与玻璃钢翼梁应变的对应关系,如图 4.8 所示。由此确定变倾角翼梢小翼在起飞阶段所需的三个关键倾斜角对应的应变,将这些应变信息作为倾斜角控制程序的目标值。

　　闭环控制实验分别在无气动载荷和有气动载荷两种条件下进行。其中,无气动载荷的控制实验在 25℃室温和 65%湿度条件下进行;而有气动载荷的控制实验在南京航空航天大学空气动力学系 NH-2 风洞中进行。风洞测试段长约

68

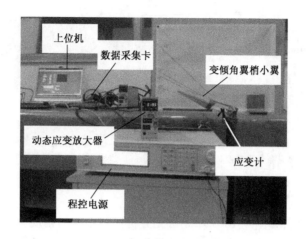

图 4.7　闭环控制实验设备

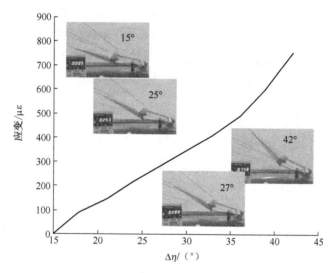

图 4.8　应变与倾斜角的关系

8m,截面呈正方形(2.5m×2.5m),最大风速(70±1)m/s,测试段的气流紊流度低于 0.1%。由于弹性蒙皮最大仅能承受 26m/s 的风速,因此实验风速为 26m/s,机翼迎角 α=3°,图 4.9 为实验现场。

2. 实验结果及误差分析

实验模拟真实飞行情况,对倾斜角从 15°—42°—27°—25°—15°的变化过程进行控制。考虑实际情况下飞机从滑跑到达安全高度一般不超过 2min,因此实验将 15°—42°—27°—25°—15°变化过程的耗时限定为不超过 1min,得到应变随

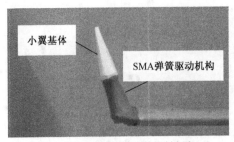

（a）无气动载荷条件下的控制实验

（b）有气动载荷条件下的控制实验

图 4.9 闭环控制实验现场

时间的关系曲线,如图 4.10 所示。首先分析控制系统的精度。从图 4.10(a)可以看出,在无气动载荷时,控制系统能较为准确地控制变倾角翼梢小翼的变形动作,当小翼的倾斜角接近预期值时变形幅度趋缓并最终稳定在预期倾斜角位置,控制精度的最大误差约为 7%。而从图 4.10(b)可知,当有气动载荷时,变倾角翼梢小翼倾斜角的极限值为 38°,与 42°有一定差距;但控制系统仍可有效控制整个变形过程。只是由于小翼变形引起的流固耦合问题以及结构刚度不足引起的颤振现象,导致小翼的倾斜角在预期位置附近产生轻微的周期性摆动,对系统的控制精度造成一定影响,最大误差约 12%。

其次讨论系统的响应速度。当无气动载荷时,倾斜角从 15°增大至 42°需耗时 10s,而此过程的前 2s 应变的变化量很小,可以认为是由 SMA 弹簧驱动器的非线性迟滞效应引起的。在倾斜角的回复过程初期,应变的变化速率有所减小,说明非线性迟滞效应对小翼回复动作的影响依然存在。当有气动载荷时,15°—38°的变形过程耗时 19s,其中前 6s 为系统延迟时间,说明气动载荷对倾斜角增大的过程具有抑制作用,对非线性迟滞效应也有一定的增强。而倾斜角的回复过程耗时较少,回复动作的速率也较快,说明气动载荷在倾斜角的回复过程中具有积极作用,非线性迟滞效应得到较大改善。

3. 非线性迟滞效应的影响分析

1) 非线性迟滞效应对气动载荷分布的影响

当流场特性一定时,机翼表面的气动载荷分布主要取决于其自身的几何形状与布局方式。对不同倾斜角布局的翼梢小翼 CFD 计算结果表明,随着倾斜角的增加,机翼展向载荷分布向翼梢方向集中,导致机翼翼根弯矩增大,因此翼梢小翼表面的气动载荷有增大的趋势。SMA 弹簧驱动器的非线性迟滞效应减缓了气动载荷的变化速率,在一定程度上避免了气动载荷突变引起的冲击载荷对结构的损害。

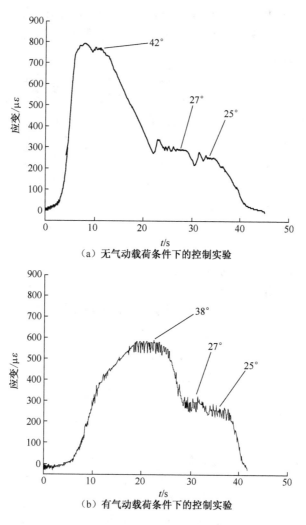

（a）无气动载荷条件下的控制实验

（b）有气动载荷条件下的控制实验

图4.10　完整变形过程的应变与时间的关系

2）非线性迟滞效应对变形过程及控制的影响

根据变倾斜角翼梢小翼的设计要求，在整个起飞过程中变倾角翼梢小翼应具有以下能力：①当飞机进场准备开始滑跑时，变倾角翼梢小翼即处于待命状态；当飞机从静止状态加速至马赫数0.1时，变倾角翼梢小翼的倾斜角即从15°增加至42°并保持不变。②当飞机加速至抬前轮离地速度马赫数0.3时，小翼的倾斜角必须从42°回复至27°，随后保持不变。③当飞机速度达到初始上升速度马赫数0.35时，小翼的倾斜角即从27°回复至25°，直至飞机到达巡航状态时再回复至15°。从整个起飞过程可以看出，变倾角翼梢小翼对驱动机构的灵敏度和响应速度要求较高,SMA 弹簧驱动器的迟滞效应会降低驱动机构的响应速度,可能导致变倾角翼梢小翼无法及时准确地达到所需的最佳倾斜角,降低减阻效果。

实验结果证明,当变倾角翼梢小翼在无气动载荷条件下工作时,SMA 弹簧驱动器的非线性迟滞效应对变形动作有较大的影响,主要表现在初始变形阶段和初始回复阶段,驱动系统的响应时间存在 2s 左右的延迟,使变倾角翼梢小翼无法立即产生变形动作,降低了控制系统的灵敏度与响应速度。当变倾角翼梢小翼在气动载荷条件下工作时,气动载荷对初始变形阶段的迟滞效应有较大的增强作用,此时驱动系统的响应延迟为 6s 左右,变倾角翼梢小翼需要更多的时间才能达到所需的最佳倾斜角位置;但对变形回复过程而言,由于气动载荷对变形回复动作的贡献,SMA 弹簧驱动器的非线性迟滞效应有所改善,倾斜角能较快地回复到所需状态。

3) 非线性迟滞效应在控制系统设计中的考量

闭环控制实验结果表明,在真实飞行环境下变倾角翼梢小翼的倾斜角从 15°增大至 38°存在 6s 左右的延迟,占变形过程总耗时的 32%,从控制的角度来看,这种迟滞效应会降低系统的响应速度,不利于进行实时控制。而变倾角翼梢小翼的设计目标是在整个飞行包线内实时优化机翼的阻力特性,这种迟滞效应可能会降低变倾角翼梢小翼的减阻效果,因此必须降低非线性迟滞效应对变形过程的影响。

为了使变倾角翼梢小翼能在短时间内达到所需的最佳倾斜角状态,可以通过三种方法降低 SMA 弹簧驱动器的迟滞效应:①从 SMA 材料入手控制其相变温度点。研究表明,NiTi 合金的奥氏体相变温度随合金的成分、热处理规范、加工方式等不同而有所改变[114-117],其中合金的成分对相变温度点的影响最大。Ni 含量改变 0.1%,相变温度点将变化 10℃左右,因此调整 Ni 含量可以控制奥氏体相变开始温度 T_{AS},缩小 T_{AS} 与奥氏体相变结束温度 T_{AF} 之间的温差,即可提高奥氏体相变速率[118-119]。②增大 SMA 弹簧驱动器的电阻,提高其发热功率,改善在电流加载过程初期的迟滞效应。③通过外力降低 SMA 弹簧驱动器在电流卸载过程初期的迟滞效应。

本书主要通过两种途径降低 SMA 弹簧驱动器的非线性迟滞效应:①提高 SMA 弹簧驱动器的发热功率;②利用外力改善倾斜角回复阶段的迟滞效应。具体而言,在设计 SMA 驱动机构时将 SMA 弹簧驱动器串联以增大电阻,提高发热功率;并将驱动机构设计为差动式驱动系统,利用另一组弹簧驱动器的相变回复力改善非线性迟滞效应。而在控制系统设计方面,可以通过提高程控电源的起始输出电流达到目的。

4.6 变倾斜角翼梢小翼的变形特性实验

4.6.1 无气动载荷条件下的变形特性

实验在25℃室温和65%湿度条件下进行(见图4.11),得到翼梢小翼的倾斜角变化量与控制电流的关系曲线,如图4.12所示。对差动式驱动系统的一组弹簧驱动器施加控制电流,当电流大于0.1A时倾斜角即有轻微变化,迟滞效应与单独SMA弹簧驱动器的力-电耦合特性(0.4A以下无输出力)相比有较大改善,主要原因是:①与单一SMA弹簧驱动器相比,SMA弹簧驱动器串联后电阻增大,在相同电流条件下弹簧驱动器的发热功率较高,更容易诱发奥氏体相变,证明串联的布局方式有利于改善SMA弹簧驱动器的迟滞效应,提高响应速度。②两组串联的SMA弹簧驱动器位于弹性橡胶蒙皮所围成的封闭空间内,这会降低弹簧驱动器的散热率,而SMA弹簧驱动器的力-电-热耦合特性实验是在开放环境下进行的,实验环境的差别也是引起这种现象的原因之一。

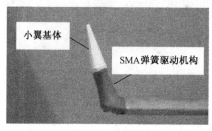

（a）$I=0$A，$\Delta\eta=0°$　　　　　　（a）$I=2.4$A，$\Delta\eta=36.4°$

图4.11　无气动载荷条件下的变形特性

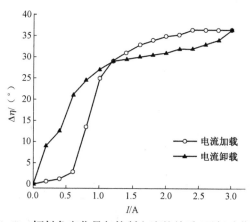

图4.12　倾斜角变化量与控制电流的关系(无气动载荷)

纵观控制电流的整个加载过程,当电流在 0~0.6A 范围内,SMA 弹簧驱动器的迟滞效应有较大改善,但由于相变回复力有限,倾斜角变化量较小(约 2.5°);当电流在 0.6~1.2A 范围内,相变回复力迅速增大,因此倾斜角增长较快;当电流增加至 2.4A,倾斜角变化量达到最大值 36.4°,与仿真结果(40.9°)相比存在 11% 的误差,这是因为仿真没有考虑弹性蒙皮的模量。

再分析控制电流的卸载过程。当电流在 3.0~1.2A 范围内,SMA 弹簧驱动器的迟滞效应对倾斜角回复过程影响较大,因此倾斜角缓慢降低,变化量约为 7°;当电流在 1.2~0A 范围内,迟滞效应逐渐减弱,倾斜角即回复至 15°。

4.6.2 有气动载荷条件下的变形特性

实验在南京航空航天大学空气动力学系低速风洞中进行,实验条件与 4.5.3 节闭环控制实验的条件相同,如图 4.13 所示。实验测试了变倾角翼梢小翼倾斜角的极限变形能力,得到倾斜角变化量随控制电流的关系曲线,详见图 4.14。

(a) I=0A, $\Delta\eta$=0°　　　　　　　　(b) I=2.7A, $\Delta\eta$=23°

图 4.13　有气动载荷条件下的变形特性

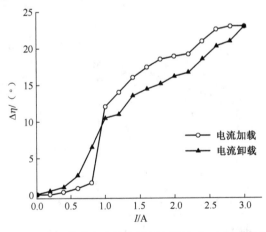

图 4.14　倾斜角变化量与控制电流的关系(有气动载荷)

在控制电流的加载过程中，当电流小于 0.2A 时倾斜角没有变化，说明气动载荷对 SMA 弹簧驱动器的迟滞效应有一定的增强作用；当电流在 0.8~1.0A 范围内，高温奥氏体含量持续增加，SMA 弹簧驱动器迅速收缩，倾斜角变化量快速增大；当电流大于 1.0A 时，翼梢小翼表面的气动载荷随着倾斜角的增加而迅速增大，对变形动作的抑制逐渐增强，因此倾斜角的变化速率逐渐降低。当电流达到 2.7A 时，奥氏体相变已经完成，此时 SMA 弹簧驱动器停止收缩，相变回复力达到最大值，倾斜角从最初的 15° 增加至 38°，最大变化量为 23°，与仿真结果（26°）相比降低了 11.5%；而对应的控制电流（2.7A）比仿真结果（2.4A）高 12.5%。由于仿真时未考虑 SMA 弹簧驱动器在实验环境中的散热率对相变回复力的影响，这是控制电流高于仿真结果的主要原因。

在卸载控制电流的过程中，由于翼梢小翼表面气动载荷的作用，SMA 弹簧驱动器的迟滞效应有所改善，倾斜角以相对较快的速度回复到初始位置。

实验还发现当倾斜角到达某一预定位置时会产生微小的摆动，这是由于驱动机构内部的玻璃钢翼梁的刚度不足而出现了轻微的颤振现象。观测发现这种颤振的振幅较小，因为气动载荷与 SMA 弹簧驱动器的相变回复力形成一对方向相反的弯矩，当翼梢小翼偏离摆动中点位置向倾斜角增大的方向运动时，气动载荷逐渐增大，而相变回复力恒定不变，这将促使小翼回复到摆动中点位置；而当小翼向倾斜角减小的方向运动时，SMA 弹簧驱动器受迫伸长，应力诱发奥氏体相变导致相变回复力增大，而气动载荷逐渐降低，因此小翼又回复到摆动中点位置。

4.7　变倾角翼梢小翼的气动收益

以飞机起飞阶段的流场特性为例，通过 CFD 数值模拟与风洞试验相结合，研究变倾斜角翼梢小翼对机翼展向载荷分布、翼梢尾涡流场控制、机翼升阻力特性和翼根弯矩等方面的影响，分析变倾斜角翼梢小翼的优缺点。由于弹性橡胶蒙皮的强度和耐久性等问题，这里采用 3.6 节的方法，仅制作了变形前后两种倾斜角状态的小翼模型进行气动收益分析。

4.7.1　变倾角翼梢小翼的气动特性数值模拟

1. 不同倾角小翼的计算模型

参考 KC-135 翼梢小翼的几何参数，并根据变倾斜角翼梢小翼变形前后的状态，建立了两种不同倾斜角的翼梢小翼模型，详细参数见表 4.1。主机翼模型为矩形翼，翼展 0.4m，弦长 0.1m，翼型为 NACA23016。由于计算模型外形比较简单,直接采用 CFD 前处理软件 Gambit 建立计算模型,如图 4.15 所示。网格划分方案、湍流模型选择以及边界条件设置与 3.6 节相同,此处不再赘述。

表 4.1　变倾斜角翼梢小翼变形前后的几何参数对比

参数名称	变形前	变形后
翼根相对弦长	0.6	0.6
前缘后掠角/(°)	37	37
梢根比	0.34	0.34
相对高度/m	$0.135b/2$	$0.135b/2$
倾斜角/(°)	20	42
翼根安装角/(°)	−3.2	−3.2
翼尖扭转角/(°)	−2.5	−2.5

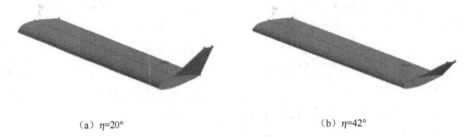

　　　　（a）$\eta=20°$　　　　　　　　　　　　　　（b）$\eta=42°$

图 4.15　不同倾斜角翼梢小翼的 CFD 计算模型

2. 变倾斜角翼梢小翼对机翼展向载荷分布的影响

　　针对起飞阶段的流场特性($Ma=0.3, \alpha=6°$),分别计算了变倾斜角翼梢小翼变形前与变形后的机翼表面气动载荷分布云图,结果如图 4.16 所示。其中,图 4.16(a)、(b)是小翼变形前与变形后机翼下表面的压力分布云图,而图 4.16(c)、(d)是变形前后的机翼上表面压力分布云图。通过对比可以看出,变倾角翼梢小翼变形后对主机翼表面的压力分布没有影响。图 4.16(e)、(f)是变形前后小翼外侧表面的压力分布云图,与变形前相比,变形后小翼外侧表面的前缘出现数值为 100 的等压线,说明变形后翼梢小翼外侧表面的压力增大。这是因为增大翼梢小翼的倾斜角相当于增加机翼的有效展弦比,翼尖区气流从下表面向上表面的绕流受到抑制,导致小翼外侧气流的静压增大。这种现象削弱了翼尖涡的下洗作用,有利于降低机翼的诱导阻力。但是机翼的展向载荷分布向翼尖区集中,会引起额外的翼根弯矩增量,将对机翼结构强度带来负面影响。因此,在实际使用时,必须保证小翼的倾斜角在限定的范围内变形,否则会影响机翼结构的安全。

76

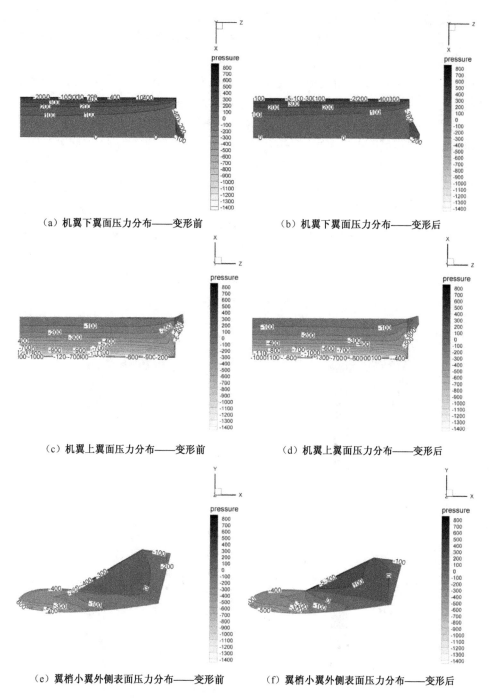

（a）机翼下翼面压力分布——变形前　　　　　（b）机翼下翼面压力分布——变形后

（c）机翼上翼面压力分布——变形前　　　　　（d）机翼上翼面压力分布——变形后

（e）翼梢小翼外侧表面压力分布——变形前　　（f）翼梢小翼外侧表面压力分布——变形后

图 4.16　变倾斜角翼梢小翼对机翼展向载荷分布的影响(变形前后对比)

3. 变倾斜角翼梢小翼对翼梢尾涡流场控制的影响

针对起飞阶段的流场特性（$Ma=0.3,\alpha=6°$），分别计算了距离机翼后缘下游 $x/c=0.5,1,2$ 三个截面位置的涡量云图，结果见图 4.17。以距机翼后缘 $x/c=0.5$ 的截面为例进行说明，当变倾角翼梢小翼的倾斜角为 20°时，翼尖尾涡较为集中且强度较大（涡核涡量约为 $1021.4\mathrm{s}^{-1}$），见图 4.17（a）；与变形前的小翼相比，当小翼的倾斜角增加至 42°时，翼尖尾涡强度明显降低（涡核涡量约为 $848.3\mathrm{s}^{-1}$，降幅约为 16.9%），见图 4.17（b）。此外，小翼变形前翼尖涡的涡核距离主机翼较近（沿 Y 轴方向的距离约为 60mm），其自身的强下洗作用将带来一部分额外的诱导阻力增量；而变形后翼尖涡的涡核与主机翼的距离增大至 65mm，其自身的强下洗作用对主机翼的影响也有所降低。这种现象不仅有利于减小机翼的诱导阻力，还能降低翼尖尾涡对机场空域的影响。

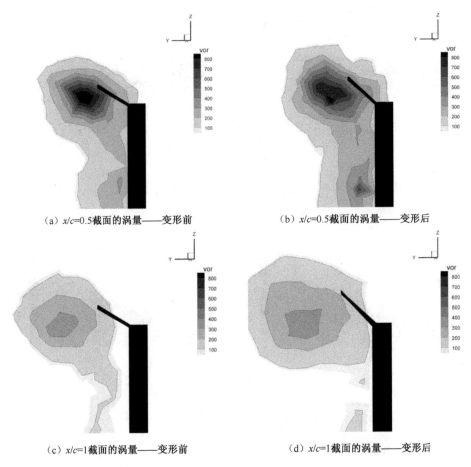

（a）x/c=0.5截面的涡量——变形前　　　　（b）x/c=0.5截面的涡量——变形后

（c）x/c=1截面的涡量——变形前　　　　（d）x/c=1截面的涡量——变形后

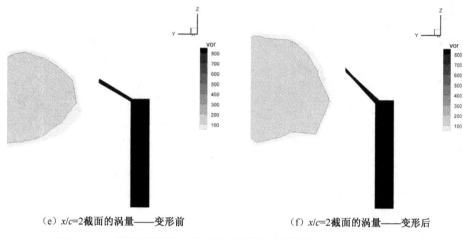

（e）x/c=2截面的涡量——变形前 　　　　　　　　（f）x/c=2截面的涡量——变形后

图 4.17　变倾斜角翼梢小翼对翼尖涡流场控制的影响（变形前后对比）

4. 变倾斜角翼梢小翼对机翼升阻力特性的影响

针对起飞阶段的流场特性（$Ma=0.3,\alpha=0\sim12°$），计算了小翼变形前后对应的机翼升阻力系数，在此基础上分析变倾斜角翼梢小翼对机翼升阻力特性的影响。从图 4.18（a）可以看出，在 $0\sim12°$ 迎角范围内机翼的升力系数随着小翼倾斜角的增加而略有降低，这是因为增大小翼的倾斜角相当于增加了机翼的有效展弦比和投影面积，而机翼总升力的增幅与投影面积的增幅相比是个小量，导致升力系数有所降低。以 $6°$ 迎角为例，倾斜角从 $20°$ 增加至 $42°$ 将使机翼的升力系数减小 2.1%。图 4.18（b）显示，机翼的阻力系数随着翼梢小翼倾斜角的增加而略有降低，且在高升力状态的降幅比低升力状态的降幅大。对于本书最关心的起飞阶段而言（$C_L=0.54$），翼梢小翼的倾斜角从 $20°$ 增加至 $42°$ 将使机翼的阻力系数减小 2.5%。图 4.18（c）是变倾斜角翼梢小翼对机翼升阻比的影响，可以看出增大翼梢小翼的倾斜角对升阻比有一定的改善作用。以 $6°$ 迎角为例，小翼的倾斜角从 $20°$ 增加至 $42°$ 将使机翼的升阻比提高 0.35%。

4.7.2　变倾角翼梢小翼的风洞试验

1. 实验模型与实验设备

为了研究变倾斜角翼梢小翼的气动收益，分别制作了两种不同倾斜角的翼梢小翼模型，模拟变倾斜角翼梢小翼变形前后的状态，并通过翼尖尾涡流场扫描和风洞测力实验研究其对机翼翼尖尾涡流场和升阻力特性的影响。图 4.19 是两种不同倾斜角的翼梢小翼模型。风洞试验在南京航空航天大学空气动力学系低速风洞中进行，风洞试验模型、实验设备和实验条件与 3.6.2 节的风洞试验相同，故不再赘述。

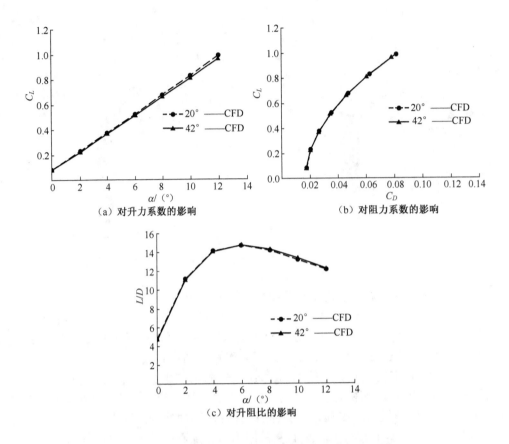

（a）对升力系数的影响

（b）对阻力系数的影响

（c）对升阻比的影响

图 4.18　变倾斜角翼梢小翼对机翼升阻力的影响（变形前后对比）

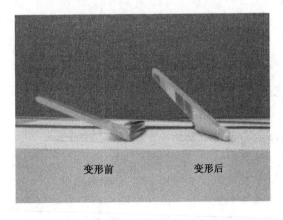

图 4.19　两种不同倾斜角的小翼模型

2. 变倾斜角翼梢小翼对翼梢尾涡流场的影响

图 4.20 为变倾斜角翼梢小翼变形前后对翼尖尾涡流场的影响。从图 4.20 (a)、(c)、(e) 可以看出,变倾角翼梢小翼变形前的翼尖尾涡较为集中,在空间位置上也更靠近主机翼,其自身的强下洗作用对机翼的影响也更大。而图 4.20 (b)、(d)、(f) 显示,当变倾角翼梢小翼的倾斜角增加至 42°时,翼尖尾涡的空间位置沿 Z 轴正方向移动约 10mm,旋涡对机翼的下洗作用逐渐减弱,有利于降低机翼的诱导阻力,但涡核处涡量的变化不显著。以距机翼后缘 $0.5c$ 截面为例,变形前翼尖尾涡涡核的涡量约为 1543.2s^{-1};而变形后翼尖尾涡涡核的涡量为 1214.5s^{-1},下降幅度为 21.3%,说明变倾角翼梢小翼对翼尖尾涡的耗散效率有一定改善,但与变高度翼梢小翼(尾涡涡量降幅约为 69.2%)相比还存在较大的差距。这是因为增加小翼的高度有利于增强小翼的端板作用,对机翼翼尖区气流从机翼下表面向上表面绕流的抑制作用更加显著,而增加小翼的倾斜角则削弱了端板作用。

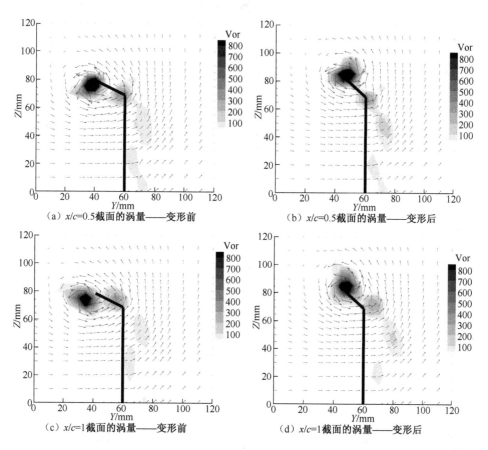

(a) x/c=0.5 截面的涡量——变形前

(b) x/c=0.5 截面的涡量——变形后

(c) x/c=1 截面的涡量——变形前

(d) x/c=1 截面的涡量——变形后

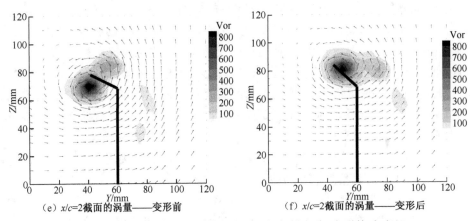

（e）x/c=2截面的涡量——变形前　　　　（f）x/c=2截面的涡量——变形后

图4.20　变倾斜角翼梢小翼的翼尖涡流场扫描实验（变形前后对比）

3. 变倾斜角翼梢小翼对机翼升阻力的影响

图4.21所示是变倾斜角翼梢小翼对机翼升阻力的影响。实验结果显示，在

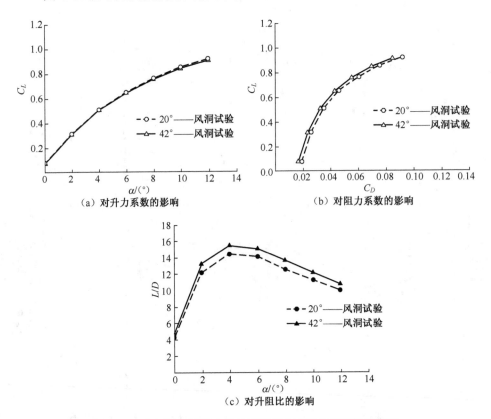

（a）对升力系数的影响　　　　　　（b）对阻力系数的影响

（c）对升阻比的影响

图4.21　变倾斜角翼梢小翼的风洞测力实验（变形前后对比）

82

0~12°迎角范围内机翼的升力系数随着小翼倾斜角的增加而略有降低,机翼的阻力系数随着小翼倾斜角的增加有明显减小的趋势,此外增大倾斜角对升阻比也有较大的改善。以6°迎角为例,将翼梢小翼的倾斜角从20°增加至42°将使机翼的升力系数减小0.6%,阻力系数降低7%,升阻比提高6.8%。

风洞试验的趋势与CFD计算结果基本吻合,都能说明变倾角翼梢小翼对飞机起飞性能具有一定的改善作用。但两者之间还存在一定的误差,这些误差产生的原因包括两者的来流速度不同、CFD在计算阻力时的精度较低、机翼与小翼实物模型的加工误差以及风洞试验的测量误差等。

4.8 本章小结

本章研究了变倾斜角翼梢小翼的驱动技术,内容包括:①驱动机构的初步设计。根据变倾斜角翼梢小翼的变形范围和受力特征,确定驱动机构的总体设计要求;参考国内外具有类似功能的驱动机构,提出一种含有形状记忆合金(SMA)弹簧驱动器的主动弯曲梁结构,重点论述其工作原理和驱动方式。②建立驱动机构的力学模型。从运动学的角度分析主动弯曲梁结构的力学行为和运动特性;在力学模型的基础上,根据变形范围的要求设计所需的SMA弹簧驱动器,研究其力-电-热耦合特性,并通过实验研究主动弯曲梁结构的变形能力。③驱动机构的控制方法初探。探索SMA弹簧驱动机构的控制原理和控制规律,为后续研究提供参考。④变倾斜角翼梢小翼的气动收益分析。通过CFD数值模拟与风洞试验相结合,研究变倾斜角翼梢小翼对机翼展向载荷分布、翼梢尾涡流场控制、机翼的升阻力特性和翼根弯矩的影响,分析变倾斜角翼梢小翼的优缺点。

采用剪切弹性模量法设计了变倾角翼梢小翼所需的SMA弹簧驱动器,其最大输出力可达5.5N。但SMA弹簧驱动器存在一定的非线性迟滞效应,对变倾角翼梢小翼驱动机构的灵敏度和响应速度有一定影响。可以从驱动机构和控制系统两方面入手,改善非线性迟滞效应对变形过程的不利影响。采用有限元与模型实验相结合,验证了变倾角翼梢小翼的变形能力。结果表明,在26m/s的自由来流、3°迎角条件下,变倾角翼梢小翼的倾斜角可在15°~38°范围内变化。闭环控制实验表明,变倾角翼梢小翼的倾斜角可在1min内自主实现预定变化过程,控制精度的最大误差约为12%。

以飞机起飞阶段的流场特性为例进行了CFD仿真,结果表明增大翼梢小翼的倾斜角对主机翼的展向载荷分布影响较小,而小翼外侧表面的载荷明显增强,这将引起一部分翼根弯矩增量。另外,增大翼梢小翼的倾斜角也有利于削弱机翼的翼尖尾涡强度。以距机翼后缘 $0.5c$ 的截面为例,变倾角翼梢小翼变形后翼尖尾涡涡核处的涡量降低约 16.9%。此外,增大翼梢小翼的倾斜角还能降低机翼的阻力系数;但是,机翼的升力系数也随之降低,这是因为增大小翼的倾斜角相当于增加了机翼的有效展弦比和投影面积,而机翼总升力的增幅与投影面积的增幅相比是个小量,导致升力系数有所降低。以飞机起飞阶段的流场特性为例,变倾斜角的翼梢小翼能将机翼的阻力系数降低 2.5%,将升阻比提高 0.35%。风洞试验结果显示,变倾角翼梢小翼变形后,距机翼后缘 $0.5c$ 截面的涡量降低幅度最大可达 21.3%,而机翼的阻力系数降低了 7%,升阻比提高了 6.8%。

第 5 章　高度和倾斜角复合式变形的翼梢小翼驱动机构初步研究

5.1　驱动机构的技术要求

从系统功能的角度考虑,驱动机构不仅能使翼梢小翼沿翼展方向实现伸缩动作,还能绕翼根产生偏转动作。此外,驱动机构还应具有足够的伸缩率和偏转能力,使翼梢小翼的高度和倾斜角的变化范围大于或等于最佳变化范围。根据本书2.3节关于最佳变形范围的研究结果,当变体小翼采用高度和倾斜角复合式变形的方式时,高度的最佳变形范围为 $0.135b/2 \sim 0.163b/2$,倾斜角的最佳变形范围为 $20° \sim 29°$。

从结构设计的角度考虑,驱动机构的重量和几何尺寸也应满足结构减重和装配工艺等多方面的要求。由于翼梢小翼内部空间有限,所使用的驱动机构应具有结构简单、轻质、驱动效率高等特点。

从控制方法的角度考虑,驱动机构应满足以下要求:变形过程的原理简单,不需要复杂的控制方法和控制系统,有利于提高控制系统的鲁棒性;变形动作的实时性好,不会产生迟滞现象,有利于提高控制系统的频响特性;运动方程的物理意义明确,求解方法简单,有利于提高控制系统的精度。

5.2　驱动机构的工作原理

公开发表的文献表明,目前变体翼梢小翼主要采用变倾斜角的变形方式,而对高度和倾斜角同时可变的翼梢小翼的相关研究还未见报道。参考国内外关于变倾斜角翼梢小翼和伸缩式机翼的研究成果,并结合本书第3章的研究内容,提出一种差动式伸缩栅格结构,将其用于翼梢小翼可在飞行中同时改变小翼的高度和倾斜角。

图 5.1(a)为差动式伸缩栅格示意图,伸缩栅格 1 和伸缩栅格 2 分别由两台步进电机驱动,可独立实现伸缩动作。上翼肋与伸缩栅格的滑块之间通过直线

轴式导轨连接,从而保证滑块既能沿轴式导轨做直线运动,又能绕轴式导轨做旋转运动。此外,上翼肋还有一对横向滑块可沿垂直于翼弦线的方向滑动。差动式伸缩栅格在机翼上的安装方式如图 5.1(b)所示,伸缩栅格的下翼肋与机翼的翼尖肋片通过梁固接,而上翼肋与翼梢小翼相连。

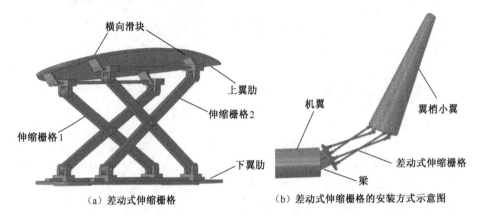

（a）差动式伸缩栅格　　　　　（b）差动式伸缩栅格的安装方式示意图

图 5.1　差动式伸缩栅格示意图

由图 5.2(a)可以看出,当伸缩栅格 1 和伸缩栅格 2 同时伸长或收缩时,即可改变小翼的高度。由图 5.2(b)可见,当伸缩栅格 1 收缩、栅格 2 伸长时,上翼肋与伸缩栅格 1 相连的一侧向下偏转,而上翼肋与伸缩栅格 2 相连的一侧向上偏转,此时与上翼肋相连的翼梢小翼将产生偏转动作,相当于改变了小翼的倾斜角。若合理控制伸缩栅格 1 和 2 的伸缩动作,即可同时改变翼梢小翼的高度和倾斜角。综上所述,差动式伸缩栅格的伸缩动作只改变翼梢小翼的高度和倾斜角,而对小翼的其他参数无影响。

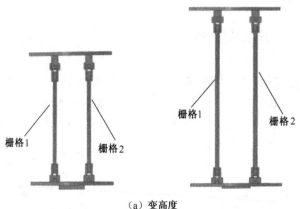

（a）变高度

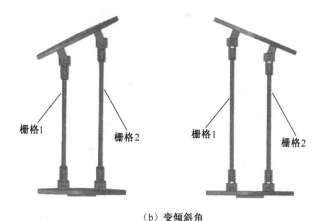

（b）变倾斜角

图 5.2　差动式伸缩栅格的工作原理

5.3　差动式伸缩栅格的运动学特性

5.3.1　差动式伸缩栅格的受力分析

1. 外部受力特征

驱动机构在运动过程中受到的外力包括重力、电机的扭矩、滑块与导轨之间的摩擦力以及气动载荷引起的侧向力 ΔL。由 2.1 节的图 2.3 可知，因为翼梢小翼内外侧存在压力差，侧向力 ΔL 垂直于小翼平面，若不考虑气流的黏性，沿小翼翼展方向的合力为零。当差动式伸缩栅格的伸缩方向和伸缩速率都相同时，仅改变翼梢小翼的高度，此时侧向力 ΔL 对伸缩动作无影响。当差动式伸缩栅格的伸缩方向或伸缩速率不同时，将同时改变翼梢小翼的高度和倾斜角，这一运动过程可以等效为两个不同的运动阶段：①首先改变小翼的倾斜角；②当倾斜角达到预定值后，再改变小翼的高度。对于仅改变小翼倾斜角的运动阶段，小翼表面的气动载荷引起的侧向力 ΔL、重力、电机扭矩和摩擦力对运动过程都有影响；而对于仅改变小翼高度的运动阶段，气动载荷对运动过程无影响。

2. 内部受力情况

以翼梢小翼翼肋的弦线为 X 轴，并规定 X 轴的正方向是从翼肋前缘指向后缘。以伸缩栅格的伸缩方向为 Z 轴，并规定 Z 轴的正方向是从小翼的翼根指向翼尖。以小翼翼肋弦线的垂线为 Y 轴，并且根据右手定则确定 Y 轴的正方向，如图 5.3 所示。

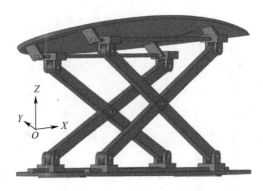

图5.3　内力分析的坐标轴定义

在 XOZ 平面,可将差动式伸缩栅格简化为图 5.4 所示结构。其中,连杆 1 为主动杆,连杆 2 是从动杆,当连杆 1 在电机转矩作用下绕固定副 1 逆时针转动时,滑动块 1 受到一个垂直于连杆 1 的力 F_1 的作用。在 F_1 沿 X 轴的分量 F_{1X} 作用下,滑动块 1 向 X 轴负方向运动。在同一时刻,由于连杆 1 与连杆 2 之间的铰接作用,连杆 2 受到力 F 的作用,力 F 可分解为沿杆轴向分量 F_a、垂直杆轴向分量 F_b 两部分;F_b 使连杆 2 具有绕固定副 2 转动的趋势,但限于连杆 1 的约束作用,F_b 被一个大小相等、方向相反的力抵消,因此连杆 2 仅受到轴向力 F_a 的作用。F_a 通过连杆 2 传递到滑动块上,其在 X 轴方向的分量 F_{aX} 使滑动块 2 向 X 轴负方向运动。正是由于滑动块 1、2 同时向 X 轴负方向运动,导致伸缩栅格的高度增大。反之,当连杆 1 绕固定副 1 顺时针转动时,伸缩栅格的高度减小。

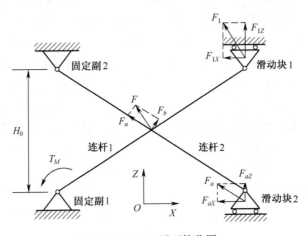

图5.4　XOZ 平面简化图

在 YOZ 平面,可将差动式伸缩栅格简化为图 5.5 和图 5.6 所示结构,其中,栅格1和栅格2可以自由伸缩。由于差动式伸缩栅格既能改变小翼的高度,又能改变小翼的倾斜角,因此将这两种变形方式的受力情况分开讨论。

1)变高度

当栅格1和栅格2的伸缩动作同步时,仅改变翼梢小翼的高度。这种变形方式的受力情况比较简单,受力分析如图5.5所示。当栅格1和栅格2同步伸长时,横向滑块和固定副2仅受力 N 的作用,导致上翼肋沿 Z 轴正方向运动,相当于增大了翼梢小翼的高度。同理,当栅格1和栅格2同步缩短时,上翼肋沿 Z 轴负方向运动,相当于降低了翼梢小翼的高度。

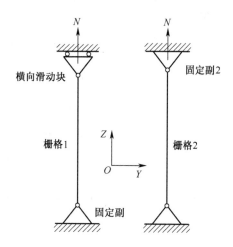

图5.5 仅改变高度的受力分析

2)变倾斜角

当栅格1和栅格2的伸缩动作不同步或者反向时,即可改变翼梢小翼的倾斜角。这种情况下的结构受力分析见图5.6,当栅格1缩短、栅格2伸长时,与之铰接的横向滑块受到力 N 的作用,力 N 可分解为平行于上翼肋的分量 N_1、垂直于上翼肋的分量 N_2 两部分;N_2 使横向滑块具有远离上翼肋的趋势,但限于导轨的约束作用,N_2 被一个大小相等方向相反的力抵消,因此仅有 N_1 对横向滑块的运动有影响。在 N_1 的作用下,横向滑块逐渐远离固定副2,并且带动上翼肋沿逆时针方向产生偏转动作。同理,当栅格2缩短、栅格1伸长时,上翼肋即可沿顺时针方向产生偏转动作。

5.3.2 差动式伸缩栅格的运动方程

差动式伸缩栅格由两台步进电机驱动,每台步进电机的转速(即单位时间内的累计输出转角)与机构的变形方式和变形量密切相关。因此,有必要推导

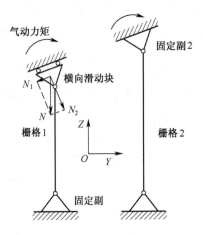

图 5.6　仅改变倾斜角的受力分析

驱动机构的运动方程,建立驱动机构的控制模型。因为驱动机构的变形动作可分解为变高度和变倾斜角两种基本变形方式,所以在推导运动方程时也按两种情况分别进行。

1. 变高度

这种情况下,只需将两台步进电机的转向和转速保持一致即可,运动方程的推导步骤可参见 3.3.2 节。

2. 变倾斜角

这种情况下,差动式伸缩栅格可简化为图 5.7 所示机构。翼梢小翼的倾斜角偏转 $\Delta\eta$ 的过程可以等效为栅格 1 收缩 ΔH、栅格 2 伸长 ΔH 的过程。若栅格 1 与栅格 2 之间的距离由 D 表示,则小翼的倾斜角变化量 $\Delta\eta$ 可表示为

$$\Delta\eta = \arctan\frac{\Delta H}{D/2} \tag{5.1}$$

而 ΔH 与控制栅格 1 的步进电机的累计输出转角 $\Delta\theta$ 有关,即

$$\Delta H = H_0\cos\Delta\theta + \sqrt{(L^2 - H_0^2)(1 - \cos^2\Delta\theta)} - H_0 \tag{5.2}$$

式中,L 为连杆 1 的长度;H_0 为伸缩栅格 1 的初始高度。

由此可以得到小翼的倾斜角变化量 $\Delta\eta$ 与步进电机的累计输出转角 $\Delta\theta$ 的关系:

$$\Delta\eta = \arctan\frac{H_0\cos\Delta\theta + \sqrt{(L^2 - H_0^2)(1 - \cos^2\Delta\theta)} - H_0}{D/2} \tag{5.3}$$

5.3.3　差动式伸缩栅格的运动学数值模拟

采用 SolidWorks 软件建立差动式伸缩栅格的三维模型,并对其进行运动干

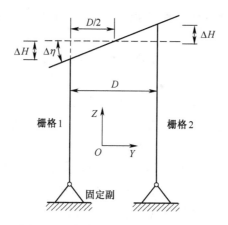

图 5.7　变倾斜角的运动关系示意图

涉分析,随后将模型导入机械系统动力学自动分析软件 ADAMS,分析差动式伸缩栅格的两种基本变形方式的运动学特性。仿真过程的驱动力加载、材料属性定义以及摩擦系数设置等与 3.3.3 节相同,仅根据差动式伸缩栅格的结构特点将上翼肋滑块的约束类型修改为圆柱副,见图 5.8。

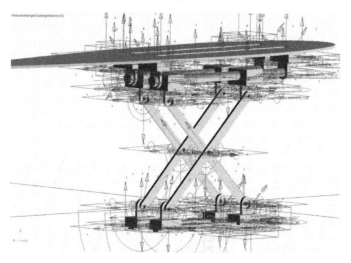

图 5.8　差动式伸缩栅格的运动学仿真模型

1. 变高度

将差动式伸缩栅格从最小高度 H_{min} 运动至最大高度 H_{max} 再回到 H_{min} 的过程定义为一个伸缩周期 T,仅针对伸长过程的 $T/2$ 周期进行分析。在 $T/2<2.2s$ 的约束条件下,计算差动式伸缩栅格的高度变化量、伸缩速度和电机的输出转矩

与时间的关系,并验证差动式伸缩栅格的高度变化量与电机的累计输出转角的对应关系。仿真结果见图5.9。

图5.9(a)是在$T/2$内伸缩栅格的高度变化量ΔH随时间的关系曲线,ΔH随时间增加呈现较好的线性关系,并在$t=T/2$时达到最大值$\Delta H_{max}=50.9\text{mm}$,伸缩栅格的最大伸缩率为18.9%。图5.9(b)是伸缩栅格的伸缩速度V随时间的关系曲线,伸缩速度V随时间增加而减小,在$t=0\sim T/2$内,V从41.9mm/s降低至6.3mm/s。图5.9(c)是电机的输出转矩T_M随时间的关系曲线,在$t=0$时,电机输出转矩最大,为494.3N·mm;在$t=T/2$时,电机输出转矩最小,为89.6N·mm。图5.9(d)是电机累计转角$\Delta\theta$与伸缩栅格的高度变化量ΔH的关系曲线,经验证与运动方程相符合。最后研究伸缩栅格的机械效率。根据ADAMS软件的测量模块得到$T/2$周期内电机的输出功率P与时间的关系曲线(见图5.10),对其积分可得电机在这段时间内的总功(297.4J)。分别测量连杆、翼梢小翼的翼尖肋片和与之相连的滑块与固定副的重心在Z轴方向上的变化量,并与各部件质量相乘得到势能增量,其总和即为有用功(78.4J),由此得出伸缩栅格的机械效率为26.4%。

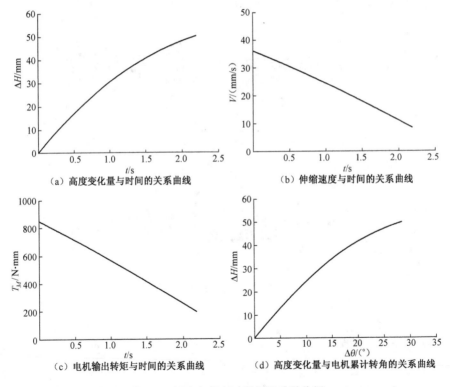

（a）高度变化量与时间的关系曲线 　　（b）伸缩速度与时间的关系曲线

（c）电机输出转矩与时间的关系曲线 　　（d）高度变化量与电机累计转角的关系曲线

图5.9　仅改变高度过程的运动学分析

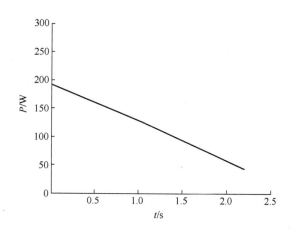

图 5.10　仅改变高度过程的电机输出功率与时间的关系曲线

2. 变倾斜角

将差动式伸缩栅格从最小倾斜角 η_{min} 运动至最大倾斜角 η_{max} 再回到 η_{min} 的过程定义为一个偏转周期 T，本文仅针对半个偏转过程的 $T/2$ 周期进行分析。在 $T/2<2.2s$ 的约束条件下，计算差动式伸缩栅格的偏转变化量、偏转速度和电机的输出转矩与时间的关系，并验证差动式伸缩栅格的偏转变化量与电机的累计输出转角的对应关系。计算时将伸缩栅格的材料定义为铝合金，并将滑块与导轨之间的静摩擦系数设为 0.5，动摩擦系数设为 0.3，仿真结果见图 5.11。

图 5.11(a)是在 $T/2$ 内伸缩栅格的偏转变化量 $\Delta\eta$ 随时间的关系曲线，$\Delta\eta$ 随时间增加呈现较好的线性关系，并在 $t=T/2$ 时达到最大值 $\Delta\eta_{max}=48.6°$。图 5.11(b)是伸缩栅格的偏转速度 ω 随时间的关系曲线，偏转速度 ω 随时间增加而减小，在 $t=0\sim T/2$ 内，ω 从 29.7(°)/s 降低至 12.8(°)/s。图 5.11(c)是电机的输出转矩 T_M 随时间的关系曲线，可以看出 T_M 呈现出先增大后减小的趋势。在 $t=0.8s$ 时，电机输出转矩最大，为 464N·mm。图 5.11(d)是电机累计转角 $\Delta\theta$ 与伸缩栅格的倾斜角变化量 $\Delta\eta$ 的关系曲线，经验证符合表达式(5.3)。最后研究伸缩栅格的机械效率。根据 ADAMS 软件的测量模块得到 $T/2$ 周期内电机的输出功率 P 与时间的关系曲线(见图 5.12)，对其积分可得电机在这段时间内的总功(9.4J)。分别测量伸缩栅格 1 和伸缩栅格 2 对上翼肋的力矩，结合上翼肋转过的角度即可求出偏转过程的有用功(6.7J)，由此得出伸缩栅格的机械效率为 71.3%。

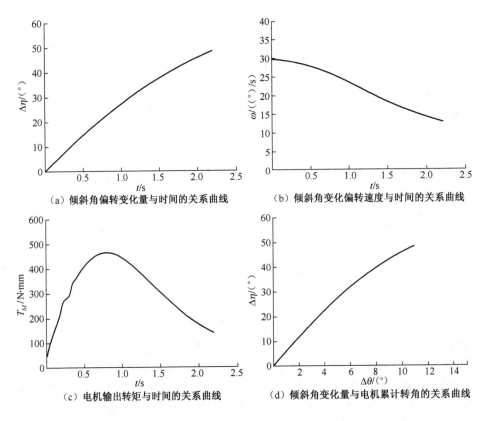

（a）倾斜角偏转变化量与时间的关系曲线　　　（b）倾斜角变化偏转速度与时间的关系曲线

（c）电机输出转矩与时间的关系曲线　　　　（d）倾斜角变化量与电机累计转角的关系曲线

图 5.11　仅改变倾斜角过程的运动学分析

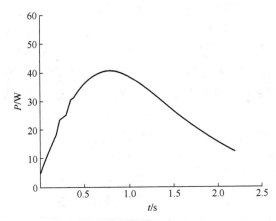

图 5.12　仅改变倾斜角过程的电机功率与时间的关系曲线

5.4 差动式伸缩栅格模型实验

制作了一台差动式伸缩栅格模型样机,在上翼肋部位安装了两套直线轴式导轨,在下翼肋部位的导轨使用金属端盖直线导轨,为了降低结构质量,选用长度较短的导轨,其有效行程为200mm。采用带齿轮箱的42H4602型混合式步进电机作为驱动源,相应的控制方法与3.4.3节相同,模型样机与控制系统见图5.13。

（a）差动式伸缩栅格模型样机　　　　　（b）差动式伸缩栅格的控制系统

图5.13　差动式伸缩栅格模型实验

依据差动式伸缩栅格的两种基本变形方式,这里分别测试了变高度过程和变倾斜角过程的运动学特性,并与仿真结果进行了对比。

5.4.1 变高度过程的运动学特性

图5.14(a)给出了模型高度变化量 ΔH 随时间变化的实验结果与仿真结果对比,可以看出实验结果与仿真结果的走向趋势基本吻合,但是随着时间的增加误差逐步增大,在 $t=T/2$ 时误差最大,此时模型高度增加46mm,伸长率17.1%,与理论值存在9.7%的误差。图5.14(b)给出了步进电机的累计输出转角 $\Delta\theta$ 与模型高度变化量 ΔH 的关系对比。实验结果表明,滑块的最大行程所对应的电机累计输出转角 $\Delta\theta=30°$,随着 $\Delta\theta$ 的增加误差逐步增大,最大误差为9.7%。产生这些误差的原因包括加工误差、装配误差、运动关节摩擦阻力过大等。

5.4.2 变倾斜角过程的运动学特性

图5.15(a)给出了模型倾斜角变化量 $\Delta\eta$ 随时间变化的实验结果与仿真结果对比。在 $t=T/2$ 时刻,模型倾斜角的变化量达到最大值44°,与仿真结果相差

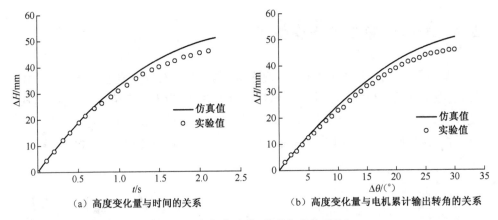

（a）高度变化量与时间的关系　　　　　（b）高度变化量与电机累计输出转角的关系

图 5.14　变高度过程（仿真与实验对比）

9.5%。图 5.15（b）给出了步进电机的累计输出转角 $\Delta\theta$ 与小翼倾斜角变化量 $\Delta\eta$ 的关系对比，随着 $\Delta\theta$ 的增加误差逐步增大，最大误差为 9.5%。

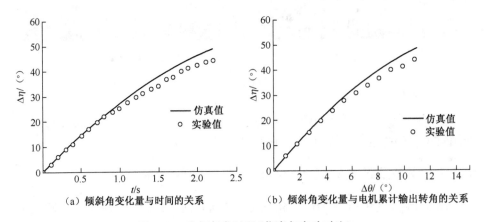

（a）倾斜角变化量与时间的关系　　　　　（b）倾斜角变化量与电机累计输出转角的关系

图 5.15　变倾斜角过程（仿真与实验对比）

5.5　可变高度和倾斜角翼梢小翼的气动收益

5.5.1　可变高度和倾斜角翼梢小翼的气动特性数值模拟

1. 可变高度和倾斜角翼梢小翼的计算模型

参考 KC-135 翼梢小翼的几何参数，并根据高度和倾斜角复合式变形的翼梢小翼变形前后的状态，这里建立了两种不同高度和倾斜角的翼梢小翼模型，详细参数见表 5.1。主机翼模型为矩形翼,翼展 0.4m,弦长 0.1m,翼型为 NACA23016。由于计算模型外形比较简单,本书直接采用 CFD 前处理软件 Gambit 建立计算模型,如图 5.16 所示。网格划分方案、湍流模型选择以及边界条件设置与 3.6 节相同,此处不再赘述。

表 5.1 高度和倾斜角复合式变形的翼梢小翼变形前后的几何参数对比

参数名称	变形前	变形后
翼根相对弦长	0.6	0.6
前缘后掠角/(°)	37	37
梢根比	0.34	0.34
相对高度/m	$0.135b/2$	$0.163b/2$
倾斜角/(°)	20	29
翼根安装角/(°)	−3.2	−3.2
翼尖扭转角/(°)	−2.5	−2.5

(a) $H=0.135b/2$, $\eta=20°$ (b) $H=0.163b/2$, $\eta=29°$

图 5.16 高度和倾斜角复合式变形的翼梢小翼的 CFD 计算模型

2. 可变高度和倾斜角翼梢小翼对机翼展向载荷分布的影响

针对起飞阶段的流场特性($Ma=0.3$, $\alpha=6°$),分别计算了变体翼梢小翼变形前与变形后的机翼表面气动载荷分布云图,结果如图 5.17 所示。从图 5.17 (a)~(d)可以看出,变体翼梢小翼变形后对主机翼表面的压力分布没有影响;而图 5.17(e)、(f)说明变形前后翼梢小翼上的压力分布有明显区别,具体表现为变形后的小翼外侧表面压力明显增加,出现数值为 100 的等压线。这是因为随着小翼的高度和倾斜角增加,小翼对翼尖区气流从下表面向上表面绕流的抑制作用增强,小翼外侧气流的静压增加所致。这种现象削弱了翼尖涡的下洗作用,有利于降低机翼的诱导阻力。但是机翼根部也会产生一个弯矩增量,这将对机翼结构强度带来负面影响。因此在实际使用时必须确保变体小翼的高度和倾斜角在限定的范围内变形,否则会影响机翼结构的安全从而酿成飞行事故。

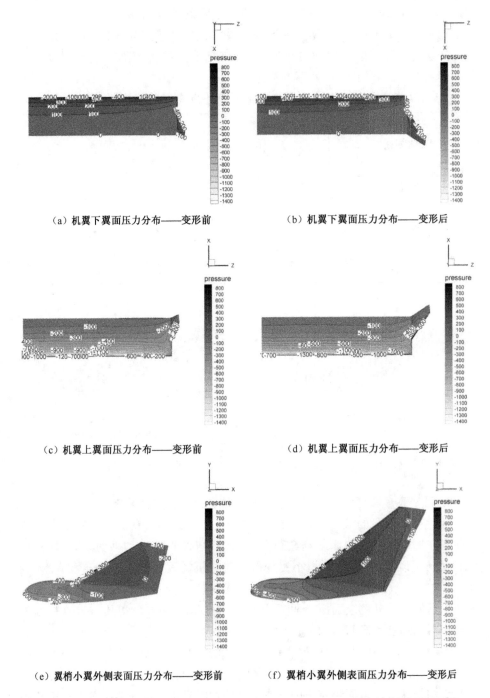

（a）机翼下翼面压力分布——变形前　　　（b）机翼下翼面压力分布——变形后

（c）机翼上翼面压力分布——变形前　　　（d）机翼上翼面压力分布——变形后

（e）翼梢小翼外侧表面压力分布——变形前　　　（f）翼梢小翼外侧表面压力分布——变形后

图5.17　可变高度和倾斜角翼梢小翼对机翼展向载荷分布的影响(变形前后对比)

3. 可变高度和倾斜角翼梢小翼对翼梢尾涡流场控制的影响

针对飞机起飞阶段的流场特性($Ma=0.3, \alpha=6°$),分别计算了距离机翼后缘下游 $x/c=0.5, 1, 2$ 三个截面位置的涡量,结果见图 5.18(c 为机翼的平均气动弦长)。以距机翼后缘 $x/c=0.5$ 的截面为例进行说明,当变体翼梢小翼处于初始状态时,翼尖尾涡较为集中且强度较大(涡核处的涡量约为 1021.4s^{-1}),且与主机翼的距离较近(沿 Y 轴方向的距离约为 60mm),其自身的强下洗作用将带来一部分额外的诱导阻力增量,见图 5.18(a)。而当小翼变形后,翼尖尾涡强度明显降低(涡核处的涡量降为 820.7s^{-1},降幅约为 19.6%),且涡核的空间位置距主机翼较远(沿 Y 轴方向的距离约为 72mm),其自身的强下洗作用对主机翼的影响也有所降低,见图 5.18(b)。

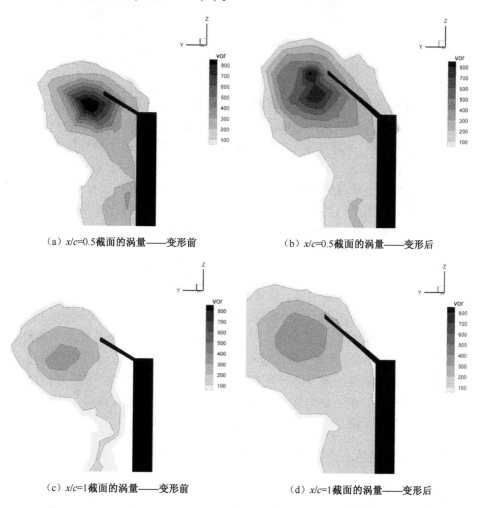

(a) $x/c=0.5$截面的涡量——变形前   (b) $x/c=0.5$截面的涡量——变形后

(c) $x/c=1$截面的涡量——变形前   (d) $x/c=1$截面的涡量——变形后

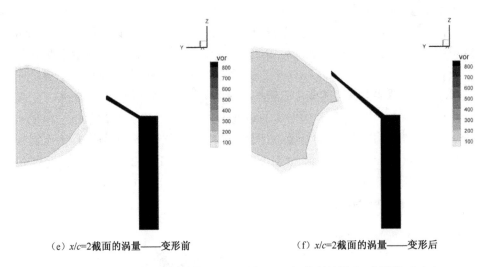

(e) x/c=2截面的涡量——变形前　　　　　　　　（f）x/c=2截面的涡量——变形后

图 5.18　可变高度和倾斜角翼梢小翼对翼尖涡流场控制的影响(变形前后对比)

4. 可变高度和倾斜角翼梢小翼对机翼升阻力特性的影响

针对起飞阶段的流场特性($Ma=0.3,\alpha=0\sim12°$),计算了小翼变形前后对应的机翼升阻力系数,在此基础上分析可变高度和倾斜角翼梢小翼对机翼升阻力特性的影响,结果见图 5.19。从图 5.19(a)可以看出,在 $0\sim12°$ 迎角范围内机翼的升力系数随着小翼高度和倾斜角的增加而增大。而图 5.19(b)显示,增大小翼的高度和倾斜角对机翼的阻力系数也有一定的改善,这种改善作用在低升力状态较小,而在高升力状态较大。这是因为在低升力状态下,机翼的型阻是总阻力的主要部分,而诱导阻力是次要部分,增大小翼的高度和倾斜角相当于增大机翼的迎风面积,由此引起的压差阻力和摩擦阻力增量与诱导阻力的减少量相当,因此机翼的总阻力变化不明显。而在高升力状态,诱导阻力是总阻力的主要部分,型阻是次要部分,增加小翼的高度和倾斜角引起的诱导阻力减少量大于压差阻力和摩擦阻力增量,因此机翼总阻力显著降低。图 5.19(c)是变体小翼对机翼升阻比的影响,可以看出变体小翼对升阻比的改善作用在大迎角状态更大,说明变体小翼的优势是改善飞机的低速大迎角气动特性。对于本书最关心的起飞阶段($C_L=0.54$),可变高度和倾斜角的翼梢小翼可将机翼的升力系数提高 0.9%,阻力系数降低 1.1%,升阻比提高 2%。

5.5.2　可变高度和倾斜角翼梢小翼的风洞试验

1. 实验模型、设备

针对可变高度和倾斜角翼梢小翼变形前后的状态,制作了两种翼梢小翼模

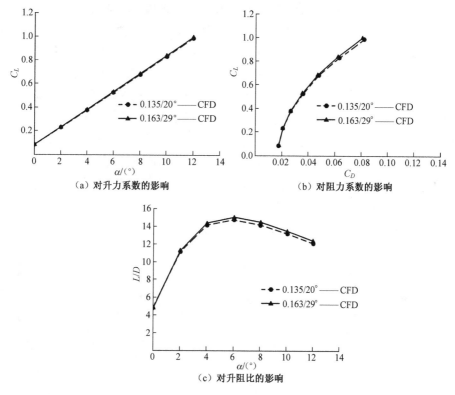

（a）对升力系数的影响

（b）对阻力系数的影响

（c）对升阻比的影响

图 5.19　可变高度和倾斜角翼梢小翼对机翼升阻力的影响（变形前后对比）

型（见图 5.20(a)），模拟小翼变形前后的状态，并通过翼尖尾涡流场扫描和风洞
测力实验研究其对机翼翼尖尾涡流场和升阻力特性的影响。风洞试验在南京航
空航天大学空气动力学系低速风洞中进行，实验模型、实验设备和实验条件与
3.6.2 节的风洞试验相同，见图 5.20(b)。

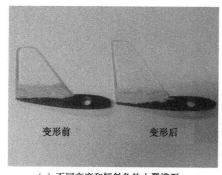

（a）不同高度和倾斜角的小翼模型　　　（b）不同高度和倾斜角的小翼风洞试验现场

图 5.20　不同高度和倾斜角翼梢小翼的风洞试验

2. 可变高度和倾斜角的翼梢小翼对翼梢尾涡流场的影响

图 5.21 为可变高度和倾斜角的翼梢小翼变形前后对翼尖尾涡流场的影响。以距机翼后缘 $0.5c$ 截面为例进行说明,变体翼梢小翼变形前的翼尖尾涡较为集中,强度也较大,涡核处的最大涡量约为 $1543.2\mathrm{s}^{-1}$,见图 5.21(a)。而图 5.21(b)显示,变体翼梢小翼变形后,翼尖尾涡有明显扩散的迹象,强度大幅降低,涡核涡量约为 $669.1\mathrm{s}^{-1}$,下降幅度为 56.6%,说明同时增加翼梢小翼的高度和倾斜角能大幅度削弱翼尖尾涡强度,翼尖涡耗散效率高于仅改变倾斜角的小翼(尾涡涡量降幅约为 21.3%),但与仅改变高度的小翼相比还存在差距(尾涡涡量降幅约为 69.2%)。另一方面,变形后的翼尖尾涡涡核逐渐远离机翼(涡核空间位置沿 Y 轴方向移动 $-20\mathrm{mm}$,沿 Z 轴方向移动 $10\mathrm{mm}$),说明旋涡对机翼的下洗作用逐渐减弱,有利于降低机翼的诱导阻力。

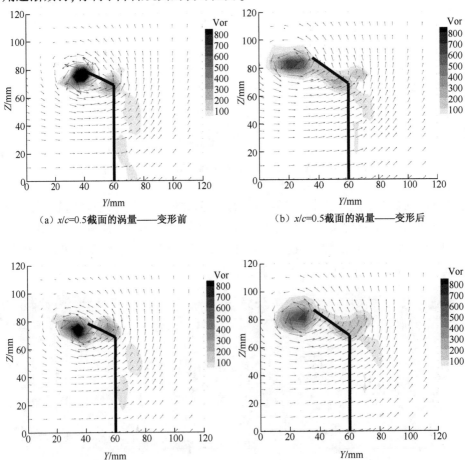

(a) $x/c=0.5$ 截面的涡量——变形前　　　　(b) $x/c=0.5$ 截面的涡量——变形后

(c) $x/c=1$ 截面的涡量——变形前　　　　(d) $x/c=1$ 截面的涡量——变形后

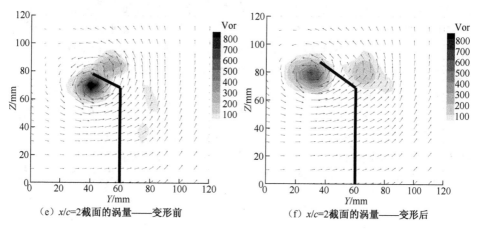

（e）x/c=2截面的涡量——变形前　　　　　　（f）x/c=2截面的涡量——变形后

图 5.21　可变高度和倾斜角翼梢小翼的翼尖涡流场扫描实验(变形前后对比)

3. 可变高度和倾斜角的翼梢小翼对机翼升阻力的影响

图 5.22 是变体翼梢小翼变形前后机翼的升阻力特性实验结果对比。实验

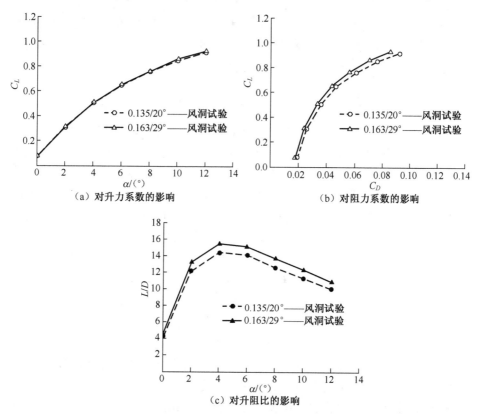

（a）对升力系数的影响　　　　　　（b）对阻力系数的影响

（c）对升阻比的影响

图 5.22　可变高度和倾斜角翼梢小翼的风洞测力实验(变形前后对比)

结果显示,在 0~12°迎角范围内机翼的升力系数随着小翼高度和倾斜角的增大而略有增加,而机翼的阻力系数随着小翼高度和倾斜角的增加有明显减小的趋势,此外增大小翼的高度和倾斜角对升阻比也有较大的改善。以 6°迎角为例,变体翼梢小翼变形后可将机翼的升力系数提高 0.8%,将阻力系数降低 5.9%,同时将机翼的升阻比提高 7.1%。

对比风洞试验结果和 CFD 计算数据可见,两者的趋势基本吻合,都可以说明高度和倾角复合式变形的翼梢小翼对飞机起飞性能具有一定的改善作用。但两者之间也存在较大的误差,这些误差产生的原因包括两者的来流速度不同、CFD 在计算阻力时的精度较低、机翼与小翼实物模型的加工误差以及风洞试验的测量误差等。

5.6 本章小结

本章主要研究高度和倾斜角复合式变形的翼梢小翼的驱动技术,内容包括:①驱动机构初步设计。根据可变高度和倾斜角翼梢小翼的变形范围和受力特征,确定驱动机构的总体设计要求;在此基础上提出一种差动式伸缩栅格,将其用于翼梢小翼,能同时改变小翼的高度和倾斜角,重点论述差动式伸缩栅格的工作原理及特性。②建立差动式伸缩栅格的力学模型。从运动学的角度分析差动式伸缩栅格的力学行为和运动特性,推导其运动方程,通过数值模拟和模型实验,研究差动式伸缩栅格的运动学特性和变形能力。③可变高度和倾斜角翼梢小翼的气动收益分析。通过 CFD 数值模拟与风洞试验相结合,研究可变高度和倾斜角翼梢小翼对机翼展向载荷分布、翼梢尾涡流场控制、机翼的升阻力特性和翼根弯矩的影响,分析可变高度和倾斜角翼梢小翼的优缺点。

运动学仿真结果表明,对于仅改变高度的变形过程,伸缩栅格的伸缩率最高可达 18.9%;在伸缩周期小于 4.4s 的约束条件下,电机扭矩需达到 494.3N·mm;伸缩栅格的高度变化量与电机累计输出转角的关系与运动方程相符。对于仅改变倾斜角的变形过程,差动式伸缩栅格的最大偏转角可达 48.6°,电机所需的最大扭矩为 464N·mm,偏转角与电机累计输出转角满足关系式(5.3)。模型实验显示,变体翼梢小翼模型的最大伸缩率为 17.1%,与仿真结果相比存在 9.7%的误差。而倾斜角的最大变化量为 44°,与仿真结果相比存在 9.5%的误差。这些误差是由加工误差、装配误差、运动关节摩擦过大等因素引起的。

针对飞机起飞阶段的流场特性进行了 CFD 仿真,结果表明同时增加翼梢小翼的高度和倾斜角对主机翼表面的载荷分布影响较小,而小翼外侧表面的载荷明显增强。这是因为增大翼梢小翼的高度和倾斜角对翼尖区气流从机翼下表面

104

向上表面绕流的抑制作用增强,小翼外侧表面的静压增加所致。另一方面,增大小翼的高度和倾斜角能进一步削弱翼尖尾涡强度。以距机翼后缘 $0.5c$ 的截面为例,变形前翼尖涡涡核处最大涡量约为 $1021.4s^{-1}$,而变形后涡核处的涡量降为 $820.7s^{-1}$,降幅约为 19.6%。此外,增大小翼的高度和倾斜角还能提高机翼的气动效率。具体表现为:机翼的升力系数提高 0.9%,阻力系数降低 1.1%,升阻比提高 2%。风洞试验显示,变体翼梢小翼变形后,距机翼后缘 $0.5c$ 截面的尾涡强度降幅可达 56.6%。机翼的升力系数提高了 0.8%,阻力系数降低了 5.9%,升阻比提高了 7.1%。

第 6 章　总结与展望

6.1　全书总结

　　变体翼梢小翼是对传统固定式翼梢小翼的改良,它能根据飞机的飞行状态实时改变自身的几何参数和布局方式,弥补了传统翼梢小翼在非设计状态减阻效率较低的不足。在当今高度重视低碳经济的背景下,研究变体翼梢小翼具有重要的科学意义和工程应用价值。目前,国内外相关的研究工作主要集中在变体翼梢小翼对飞机气动性能和操稳特性的影响等方面,而对变体翼梢小翼的变形方式、变形范围以及所需的驱动技术的研究还处于探索阶段。为了深入理解变体翼梢小翼的减阻机理,充分发挥变体翼梢小翼的作用,本书的研究工作主要围绕变体翼梢小翼的变形方式、变形范围、驱动技术和气动收益等几个方面进行。

　　在变形方式方面,本书采用 Plackett-Burman 设计筛选了对翼梢小翼减阻效率影响最大的关键参数,从而确定了变体翼梢小翼的最佳变形方式。研究结果表明,翼梢小翼的相对高度和倾斜角是影响减阻效率的关键参数。因此,变体翼梢小翼应该采取变高度、变倾斜角、高度和倾斜角复合式变形等三种变形方式,即可以最小代价获得最大的气动收益。

　　在变形范围方面,本书采用响应曲面设计得到了翼梢小翼的高度和倾斜角在起飞、爬升和巡航等状态的最佳值,以此为依据确定了变体翼梢小翼的最佳变形范围。研究结果表明,从起飞经历爬升到达巡航高度的过程中,变体翼梢小翼若采用变高度的变形方式,高度的最佳变化范围为 $0.2b/2$—$0.197b/2$—$0.135b/2$;变体翼梢小翼若采用变倾斜角的变形方式,倾斜角的最佳变化范围为 $42°$—$25°$—$20°$;变体翼梢小翼若同时改变高度和倾斜角,高度的最佳变化范围为 $0.163b/2$—$0.154b/2$—0.135,倾斜角的最佳变化范围为 $29°$—$22°$—$20°$。

　　在驱动技术方面,本书根据变体翼梢小翼的三种变形方式,提出了三种相应的驱动技术:①为了实现翼梢小翼高度的动态变化,提出了一种伸缩栅格机构,分析了它的运动学特性,推导了相应的运动方程,并制作了模型的物理样机。采用 ADAMS 软件对伸缩栅格进行了运动学仿真,结果显示伸缩栅格的最大伸缩

106

率为 13.9%,伸缩周期为 4.4s,运动特性与运动方程相符合;模型实验验证了该结果。②为了实现翼梢小翼倾斜角的动态变化,提出了一种基于形状记忆合金(SMA)弹簧驱动器的主动弯曲梁结构,分析了它的运动学特性,推导了相应的运动方程,并制作了模型的物理样机。采用 ANSYS 软件与风洞试验相结合,验证了主动弯曲梁的变形能力。结果表明:在 26m/s 的自由来流、3°迎角条件下,采用主动弯曲梁结构的变体翼梢小翼倾斜角可在 15°~38°范围内变化。此外,还研究了变倾斜角翼梢小翼的闭环控制方法,实验结果表明变体翼梢小翼的倾斜角可在 1min 内自主实现预定变化过程,控制精度的最大误差约为 12%。③为了同时改变翼梢小翼的高度和倾斜角,提出了一种差动式伸缩栅格,分析了它的运动学特性,推导了相应的运动方程,并制作了一台物理样机。运动学仿真与模型实验表明,采用差动式伸缩栅格的变体翼梢小翼能同时改变高度和倾斜角,高度的最大变化率为 17.1%,倾斜角的最大变化量为 44°。

为了研究变体翼梢小翼对机翼气动性能的影响,本书采用 CFD 与风洞试验相结合,研究了三种变形方式对机翼表面载荷分布、翼梢尾涡流场控制、机翼升阻力和翼根弯矩的影响。结果表明,三种变形方式都会引起机翼的展向载荷向翼尖区集中,带来额外的翼根弯矩增量。而在气动收益方面,变高度的气动收益最大,可将距机翼后缘 $0.5c$ 截面的翼尖涡涡量降低 69.2%,将机翼的升力系数提高 3.5%,阻力系数降低 6.9%,升阻比提高 11.2%。变倾斜角的气动收益最小,可将距机翼后缘 $0.5c$ 截面的翼尖涡涡量降低 21.3%,将机翼的升力系数降低 0.6%,阻力系数降低 7%,升阻比提高 6.8%。而同时改变高度和倾斜角的气动收益强于变倾斜角,弱于变高度。这种变形方式可将距机翼后缘 $0.5c$ 截面的翼尖涡涡量降低 56.6%,将机翼的升力系数提高 0.8%,阻力系数降低 5.9%,升阻比提高 7.1%。

6.2　创新与贡献

本书的创新和贡献有:

(1)采用 Plackett-Burman 试验设计筛选翼梢小翼的关键参数,指出了变体翼梢小翼的最佳变形方式是改变高度和倾斜角,为变体翼梢小翼的驱动机构设计提供了依据。随后通过响应曲面设计,确定了变体翼梢小翼的高度和倾斜角的最佳变形范围,在此基础上指出了变体翼梢小翼驱动机构的技术要求和工作指标。

(2)提出了一种用于变高度翼梢小翼的伸缩栅格。通过数值模拟与模型实验研究了伸缩栅格的力学特性,推导了驱动机构的运动方程,并研究了相应的控制方法,为变高度翼梢小翼的驱动技术研究提供了有益参考。

（3）在变倾角翼梢小翼的驱动技术方面也进行了积极探索,提出了一种基于 SMA 弹簧驱动器的主动弯曲梁结构。根据驱动机构的受力情况设计了所需的 SMA 弹簧驱动器,采用数值模拟与实验相结合的方法研究了 SMA 弹簧驱动器的力-电-热耦合特性以及驱动机构的力学特性,推导了驱动机构的运动方程,并研究了相应的闭环控制方法。

（4）为了实现小翼的高度和倾斜角同时变化,还提出了一种差动式伸缩栅格机构。通过数值模拟和模型实验研究了差动式伸缩栅格的力学特性,推导了驱动机构的运动方程,初步探索了高度和倾斜角复合式变形的翼梢小翼的驱动技术。

6.3 存在的问题及研究展望

1. 变体翼梢小翼所需的变形蒙皮技术

变形蒙皮技术的发展水平是决定变体翼梢小翼能否进入工程应用的关键。变形蒙皮的难点在于既要满足气动承载,又能实现主动变形。即在变形过程中,蒙皮的弹性模量要足够小,不能对变形动作造成过大的阻碍;而变形结束后,蒙皮的弹性模量又要足够大,从而维持机翼的气动外形不变。目前,变形蒙皮技术还处于探索阶段[39,120-124],因此本书暂时不考虑这方面的问题,仅研究变体翼梢小翼的驱动技术。未来有可能从材料方面找到突破口,研制出一种能满足要求的蒙皮材料。

2. 变体翼梢小翼的智能控制系统

本书在确定翼梢小翼的最佳变形范围时仅计算了两个典型状态(起飞状态 $Ma_\infty = 0.3, C_L = 0.54$;爬升状态 $Ma_\infty = 0.5, C_L = 0.56$),而飞机在飞行过程中外部流场的特性非常复杂,变体翼梢小翼应根据机翼所处流场的具体情况自主选择最优的变形方式和变形范围,这就要求机翼和翼梢小翼表面应具有足够的传感器,将机翼表面的载荷分布以及翼尖涡的强度等信息实时传送到机载计算机,计算机根据相关信息发出指令控制变体小翼实现变形动作。因此,相关的智能控制系统和控制算法还需进一步的研究。

3. 变体翼梢小翼的非定常气动特性

本书在研究变体翼梢小翼的气动收益时,仅对比了小翼变形前后对机翼升阻力特性的影响,没有考虑变形过程中的非定常气动特性。而非定常气动特性会引起载荷突变,对飞机的结构强度、操稳特性等都有影响,因此有必要深入分析变形过程中的非定常气动特性,为变体翼梢小翼的工程应用奠定基础。

4. 新型翼梢小翼对变体小翼研究的启示

进入 21 世纪,波音公司和空客公司分别发布了新一代翼梢小翼技术,能进一步提升飞机的气动特性和燃油效率。

波音公司方面,B737MAX 采用了燕尾小翼技术。燕尾小翼本质上属于上下双小翼布局,与传统的上下双小翼布局相比,燕尾小翼的下小翼面积更大,且向外倾斜,因此对翼尖涡的耗散效率更高,产生的附加升力也更大。波音公司的资料表明,采用燕尾小翼可将油耗再降低 1.5%。此外,B787 还采用了鲨鱼鳍小翼技术,减阻效率更高。

空客公司方面,A320neo 和 A350 也采用了鲨鱼鳍小翼技术。与波音 B787 的鲨鱼鳍小翼相比,空客公司的鲨鱼鳍小翼上翘幅度较大(即倾斜角较小),这是由空客飞机机翼的载荷设计所决定的。

翼梢小翼领域的最新研究进展表明,小翼的外形越圆润,与机翼结合部位的过渡越光滑,减阻效率就越高。这些研究结果对变体翼梢小翼具有一定的指导作用,变体翼梢小翼在变形的过程中应充分考虑这些因素,从而最大限度降低飞机的阻力水平。

参 考 文 献

[1] 路风. 我国大型飞机发展战略研究报告[J]. 商务周刊, 2005, 3: 29-49.

[2] 朱自强, 王晓璐, 吴宗成, 等. 民机设计中的多学科优化和数值模拟[J]. 航空学报, 2007, 28(1): 1-13.

[3] 姜澄宇, 宋笔锋. 从国外民机重大研究计划看我国大型民机发展的关键技术[J]. 航空制造技术, 2008, (1): 28-33.

[4] 吴慧欣. 基于环保和经济性的民机概念设计[D]. 上海: 上海交通大学, 2011.

[5] 方宝瑞. 飞机气动布局设计[M]. 北京: 航空工业出版社, 1997.

[6] 马汉东, 崔尔杰. 大型飞机阻力预示与减阻研究[J]. 力学与实践, 2007, 29(2): 1-8.

[7] WHITCOMB R T. A Design Approach and Selected Wind-tunnel Results at High Subsonic Speeds for Wing-tip Mounted Winglets[R]. NASA TN D-8260, 1976.

[8] ISHIMITSU K K. Design and Analysis of Winglets for Military Aircraft[R]. AFFDL-TR-76-6, 1976.

[9] ISHIMITSU K K. Aerodynamic Design and Analysis of Winglets[C]. American Institute of Aeronautics and Astronautics, Aircraft Systems and Technology Meeting, Dallas: AIAA, 1976.

[10] 党铁红, 陆红雷. 民用飞机翼梢小翼的设计研究[J]. 民用飞机设计与研究, 2004, (4): 13-16.

[11] 顾蕴松, 程克明, 郑新军. 翼尖涡流场特性及其控制[J]. 空气动力学学报, 2008, 26(4): 446-451.

[12] 徐德康. 低风险低成本高回报——融合式翼梢小翼的功能与设计特点[J]. 国际航空, 2002, (2): 34-36.

[13] ANDERSON J D. Introduction to Flight[M]. Columbus: McGraw-Hill, 2005.

[14] ISHIMITSU K K. Design and Analysis of Winglets for Military Aircraft. Phase 2[R]. AFFDL-TR-77-23, 1977.

[15] 李德海. 浅谈波音737NG安装翼梢小翼优缺点[J]. 航空维修与工程, 2010, (2): 79-80.

[16] CRICHLEY J B, FOOT P B. Analysis of Incidents Reported Between 1972 and 1990[C]. Proceedings of the Aircraft Wake Vortices Conference, London: Civil Aviation Authority Wake Vortex Database, 1992.

[17] 徐肖豪, 赵鸿盛, 王振宇. 尾流间隔缩减技术综述[J]. 航空学报, 2010, 31(4).

[18] MARTZ C W, CHURCH J D, GOSLEE J W. Free-Flight Investigation to Determine Force and Hinge-Moment Characteristics at Zero Angle of Attack of a 600 Sweptback Half-Delta Tip Control on a 600 Sweptback Delta Wing at Mach Numbers Between 0.68 and 1.44[R]. NACA RM L51114, 1951.

[19] MARTZ C W, CHURCH J D. Flight Investigation at Subsonic, Transonic, and Supersonic Velocities of the Hinge-moment Characteristics, Lateral-control Effectiveness, and Wing Damping in Roll of a 60 Degrees Sweptback Delta Wing with Half-delta Tip Ailerons[R]. NACA RM L51G18, 1951.

[20] SHELTON A, TOMAR A, PRASAD J, et al. Active Multiple Winglets for Improved UAV Performance[C]. 22nd Applied Aerodynamics Conference and Exhibit, Providence: AIAA, 2004.

[21] CATALANO F M, CERÓN-MUÑOZ H D. Experimental Analysis of the Aerodynamic Characteristics of Adaptive Multi-winglets[C]. 43rd AIAA Aerospace Sciences Meeting and Exhibit, Reno: AIAA, 2005.

[22] GATTO A, MATTIONI F, FRISWELL M I. Experimental Investigation of Bistable Winglets to Enhance Wing Lift Takeoff Capability[J]. Journal of Aircraft, 2009, 46(2): 647-655.

[23] URSACHE N M, MELIN T, ISIKVEREN A T, et al. Morphing Winglets for Aircraft Multi-phase Improvement[C]. 7th AIAA Aviation Technology, Integration and Operations Conference, Belfast: AIAA, 2007.

[24] FALCÃO L, GOMES A A, SULEMAN A. Aero-structural Design Optimization of a Morphing Wingtip[J]. Journal of Intelligent Material Systems and Structures, 2011, 22(10): 1113-1124.

[25] BOLLER C, KUO C M. Demonstration of Adaptive Structure Performance on Modular Micro Air Vehicle [C]. 51st AIAA/ASME/ASCE/AHS/ASC Structures, Structural Dynamics, and Materials Conference, Orlando: AIAA, 2010.

[26] BOURDIN P, GATTO A, FRISWELL M I. Aircraft Control via Variable Cant-angle Winglets[J]. Journal of Aircraft, 2008, 45(2): 414-423.

[27] CONLEY N. Winglet Toe-out Angle Optimization for the Gates Learjet Longhorn Wing[J]. Journal of aircraft, 1980, 17(12): 851-855.

[28] GERONTAKOS P, LEE T. Effects of Winglet Dihedral on a Tip Vortex[J]. Journal of aircraft, 2006, 43 (1): 117-124.

[29] TAKENAKA K, HATANAKA K, YAMAZAKI W, et al. Multidisciplinary Design Exploration for a Winglet [J]. Journal of Aircraft, 2008, 45(5): 1601-1611.

[30] SANKRITHI M M K V, FROMMER J B. Controllable Winglets[P]. USA, A1, US 2008/0308683, 2008.

[31] HOISINGTON Z C, RAWDON B K. Ground Effect Wing Having a Variable Sweep Winglet[P]. USA, B1, US 6547181, 2003.

[32] FITZGIBBON T F. Wing fold Actuator System for Aircraft[P]. USA, A, US 5310138, 1994.

[33] ALLEN J B. Articulating Winglets[P]. USA, A, US005988563, 1999.

[34] WERTHMANN V, KORDT M. Concept of a Variable Winglet for Lateral Load Reduction for Combined Lateral and Vertical Load Reduction, and for Improving the Performance of Means of Locomotion[P]. USA, A1, US 2008/0191099, 2006.

[35] BOURDIN P, GATTO A, FRISWELL M I. The Application of Variable Cant Angle Winglets for Morphing Aircraft Control[C]. 24th Applied Aerodynamics Conference, San Francisco: AIAA, 2006.

[36] BOURDIN P, GATTO A, FRISWELL M. Potential of Articulated Split Wingtips for Morphing-based Control of a Flying Wing[C]. 25th AIAA Applied Aerodynamics Conference, Miami: AIAA, 2007.

[37] AMERI N, LOWENBERG M H, FRISWELL M I. Modelling the Dynamic Response of a Morphing Wing with Active Winglets[C]. AIAA Atmospheric Flight Mechanics Conference and Exhibit, Hilton Head: AIAA, 2007.

[38] AMERI N, FRISWELL M I, LOWENBERG M H, et al. Modelling Continuously Morphing Aircraft for Flight Control[C]. 19th International Conference on Adaptive Structures and Technologies Ascona: AIAA, 2008.

[39] URSACHE N M, MELIN T, ISIKVEREN A T, et al. Technology Integration for Active Poly-Morphing Winglets Development[C]. ASME Conference on Smart Materials, Adaptive Structures and Intelligent

Systems, Ellicott City: ASME, 2008.

[40] GOODSON K W. Airfoil[P]. USA, US4671473, 1987.

[41] BLONDEAU J E, PINES D J. Pneumatic Morphing Aspect Ratio Wing[C]. 45th AIAA/ASME/ASCE/AHS/ASC Structures, Structural Dynamics & Materials Conference, Palm Springs: AIAA, 2004.

[42] FELÍCIO J, SANTOS P, GAMBOA P, et al. Evaluation of a Variable-Span Morphing Wing for a Small UAV [C]. 52nd AIAA/ASME/ASCE/AHS/ASC Structures, Structural Dynamics and Materials Conference, Denver: AIAA, 2011.

[43] WEISSHAAR T A, SANDERS B. Morphing Aircraft Technology-new Shapes for Aircraft Design[C]. NATO RTO Conference on Advanced Flight Concepts, Vilnius, Lithuania, 2006.

[44] FLANAGANL J S, STRUTZENBERG R C, MYERS R B, et al. Development and Flight Testing of a Morphing Aircraft, the NextGen MFX-1[C]. The 48th AIAA/ASME/ASCE/AHS/ASC Structures, Structural Dynamics, and Materials Conference, Honolulu, Hawaii: AIAA, 2007.

[45] BHARTI S, FRECKER M, LESIEUTRE G, et al. Tendon Actuated Cellular Mechanisms for Morphing Aircraft Wing[C]. Modeling, Signal Processing, and Control for Smart Structures, San Diego, California: SPIE, 2007.

[46] 左林玄, 王晋军. 全动翼尖对无尾飞翼布局飞机气动特性影响的实验研究[J]. 空气动力学学报, 2010, 28(2).

[47] 冯立好, 王晋军, 于东升. 多操纵面无尾布局飞机横航向控制[J]. 北京航空航天大学学报, 2010, 36(9): 1038-1042.

[48] 司亮, 王和平. 翼梢小翼后缘舵面偏转对机翼气动特性影响研究[J]. 航空计算技术, 2010, (3): 52-56.

[49] 马裕. 翼尖小翼飞行试验结果分析及其设计[J]. 航空学报, 1987, 8(2): B22-B31.

[50] 唐登斌, 钱家祥. 机翼翼尖减阻装置的应用和发展[J]. 南京航空航天大学学报, 1994, 26(1): 9-16.

[51] 徐新, 赵选民, 周喜军, 等. 基于正交设计的某型飞机翼尖小翼优化设计方法研究[J]. 航空计算技术, 2004, 34(4): 13-16.

[52] 吴希拴, 师小娟, 王建培. 无人机翼尖小翼参数优化及风洞试验研究[J]. 飞行力学, 2004, 22(1): 30-36.

[53] 金海波, 刘玲, 丁运亮. 水陆两用飞机翼尖小翼外形参数优化[J]. 南京航空航天大学学报, 2008, 40(4): 469-474.

[54] 姜琬, 金海波, 孙卫平. 基于多级响应面法的翼梢小翼气动优化设计[J]. 航空学报, 2010, 31(9): 1746-1751.

[55] 王盼乐, 赵美英, 严子规. 伸缩机翼变形机构多柔性体动力学仿真分析[J]. 科学技术与工程, 2009, 9(13): 3708-3712.

[56] 李闻, 宋笔锋, 张炜. 飞翼布局无人机变形机翼设计与模型验证研究[J]. 飞行力学, 2010, 28(4): 17-20.

[57] 金鼎, 张炜. 一种变体飞机机翼折叠作动器的优化设计[J]. 机械科学与技术, 2011, 30(2): 286-289.

[58] 王辉, 屈晓波, 郑良怡. 升力面积可变的固定翼无人飞行器[P]. 中国, U, CN 201604793, 2010.

[59] 李贺. SMA-电机混合驱动原理与可折叠翼机构设计研究[D]. 合肥: 中国科学技术大学, 2011.

[60] 万志强,杨超,王立波,等. 一种可折叠的小型无人机[P]. 中国, A, CN 101712379, 2010.

[61] 郭小良,裴锦华,杨忠清,等. 无人机折叠机翼展开运动特性研究[J]. 南京航空航天大学学报, 2006, 38(4): 438-441.

[62] 李强,李周复,张国友,等. 风动模型折叠变形机翼[P]. 中国, A, CN 101380999, 2009.

[63] 江永泉. 飞机翼梢小翼设计[M]. 北京:航空工业出版社, 2009.

[64] 江永泉. 翼梢小翼的空气动力机理[J]. 民用飞机设计与研究, 1993, (3): 16-22.

[65] FAERY H F. The Effect of Whitcomb Winglets and other Wingtip Modifications on Wake Vortices[D]. Blacksburg: Virginia Polytechnic Institute and State University, 1977.

[66] MAUGHMER M D. Design of Winglets for High-performance Sailplanes[J]. Journal of Aircraft, 2003, 40 (6): 1099-1106.

[67] FLECHNER S G, JACOBS P F, WHITCOMB R T. A High Subsonic Speed Wind Tunnel Investigation of Winglets on a Representative Second-generation Jet Transport Wing[R]. NASA TN D-8264, 1976.

[68] 马彦辉,何桢. 基于 QFD, TRIZ 和 DOE 的 DFSS 集成模式研究[J]. 组合机床与自动化加工技术, 2007, (1): 17-20.

[69] 陈魁. 试验设计与分析[M]. 北京:清华大学出版社, 2005.

[70] MONTGOMERY D C. Design and Analysis of Experiments[M]. Beijing: Posts & Telecom Press, 2007.

[71] PLACKETT R L, BURMAN J P. The Design of Optimum Multifactorial Experiments[J]. Biometrika, 1946, 33(4): 305-325.

[72] 韩健,刘朝辉,齐崴,等. β-甘露聚糖酶发酵液絮凝条件的统计学筛选与响应面优化[J]. 生物加工过程, 2007, 5(2): 29.

[73] MELIN T, ISIKVEREN A, FRISWELL M. Induced-Drag Compressibility Correction for Three-Dimensional Vortex-Lattice Methods[J]. Journal of Aircraft, 2010, 47(4): 1458-1460.

[74] 陆志良. 空气动力学[M]. 北京:北京航空航天大学出版社, 2009.

[75] TSIEN H S. Problems in Motion of Compressible Fluids and Reaction Propulsion[D]. Pasadena: California Institute of Technology, 1939.

[76] 姜琬. 基于多级响应面法的翼梢小翼优化设计方法研究[D]. 南京:南京航空航天大学, 2010.

[77] BOX G E P, BEHNKEN D. Some New Three Level Designs for the Study of Quantitative Variables[J]. Technometrics, 1960, 2(4): 455-475.

[78] BOX G E P, HUNTER J S. Multi-factor Experimental Designs for Exploring Response Surfaces[J]. The Annals of Mathematical Statistics, 1957, 28(1): 195-241.

[79] 哈尔滨工业大学,成都电动机厂. 步进电动机[M]. 北京:科学出版牡, 1979.

[80] 王宗培,孔昌平,李楚武. 步进电动机及其控制系统[M]. 哈尔滨:哈尔滨工业大学出版社, 1984.

[81] 陈坚. 交流电动机数学模型及调速系统[M]. 北京:国防工业出版社, 1989.

[82] 王成元,周美文,郭庆鼎. 矢量控制交流伺服驱动电动机[M]. 北京:机械工业出版社, 1995.

[83] 唐任远. 现代永磁电机理论与设计[M]. 北京:机械工业出版社, 1997.

[84] 陈伯时,陈敏逊. 交流调速系统[M]. 北京:机械工业出版社, 1998.

[85] 坂本正文,王自强. 步进电机应用技术[M]. 北京:科学出版社, 2010.

[86] 洪少彬. 基于 DSP 的 PCB 雕刻机精密数控系统设计及其关键技术研究[D]. 天津:河北工业大学, 2007.

[87] 李自平. 小口径管道内膛参数测量系统研究[D]. 南京:南京理工大学, 2009.

[88] 安立宇. 基于 Nios Ⅱ 的步进电机细分控制系统设计与研究[D]. 上海：东华大学，2009.

[89] 史敬灼，王宗培. 步进电动机驱动控制技术的发展[J]. 微特电机，2007，35(7)：50-54.

[90] 吴海涛，郭猛. 步进电机及其单片机控制[J]. 福建电脑，2007，(2)：183-184.

[91] 张占立，康春花，郭士军，等. 基于单片机的步进电机控制系统[J]. 电机与控制应用，2011，38
(3)：28-31.

[92] BALUTA G G, ALBU M M, BOJOI R I. Reversible Pulse Sequencers for Step Motor Operation[C]. 6th
IEEE International Conference on Optimization of Electrical and Electronic Equipments, Brasov, Romania：
IEEE, 1998.

[93] 马茂冬，杨红梅. 基于 SCM 和 PLC 的两种步进电机控制方法[J]. 组合机床与自动化加工技术，
2007，(011)：70-72.

[94] 孙卫祥. 双轴柔性滚弯数控技术研究与实现[D]. 南京：南京航空航天大学，2003.

[95] 王福军. 计算流体动力学分析：CFD 软件原理与应用[M]. 北京：清华大学出版社，2004.

[96] 韩占忠，王敬，兰小平. FLUENT 流体工程仿真计算实例与应用[M]. 北京：北京理工大学出版
社，2004.

[97] 陈丽君. 七孔探针测试系统研究[D]. 南京：南京航空航天大学，2006.

[98] 顾蕴松. 大攻角前体非对称流动的控制技术[D]. 南京：南京航空航天大学，2005.

[99] ROGERS C. Intelligent Materials[J]. Scientific American, 1995, 273(3)：122-5.

[100] ROGERS C, ROBERTSHAW H. Shape Memory Alloy Reinforced Composites[J]. Engineering Science
Preprints, 1988, 25：20-22.

[101] 陶宝祺，熊克，袁慎芳，等. 智能材料结构[M]. 北京：国防工业出版社，1997.

[102] 古世磊. 基于智能材料的关节型仿生机器鱼的研究[D]. 哈尔滨：哈尔滨工程大学，2009.

[103] JACKSON C, WANGER H, WASILEWSKI R. 55-NITINOL-The Alloy with a Memory：Its Physical
Metallurgy, Properties, and Applications[R]. NASA-SP-5110, 1972.

[104] 李旻. 微小型 3-CSR 并联机构形状记忆合金驱动器的设计[J]. 机械与电子，2009，(012)：
58-61.

[105] LEE H J, LEE J J. Evaluation of the Characteristics of a Shape Memory Alloy Spring Actuator[J]. Smart
Materials and Structures, 2000, (9)：817-823.

[106] 杨杰，吴月华. 形状记忆合金及其应用[M]. 合肥：中国科学技术大学出版社，1993.

[107] 李显凌. 用于微创介入手术的导管导向机器人研究[D]. 哈尔滨：哈尔滨工业大学，2009.

[108] 陈奕翀. 基于智能材料的微小步行机器人系统运用研究[D]. 汕头：汕头大学，2004.

[109] 贾宝贤，刘永红. 形状记忆合金螺旋弹簧的设计方法[J]. 机械设计，1999，16(4)：13-17.

[110] 阎绍泽，徐峰，刘夏杰，等. 形状记忆合金弹簧驱动的机械手控制系统[P]. 中国，A，CN
1593862，2005.

[111] 刘霞. 基于形状记忆合金的免充气直肠扩张装置的控制算法研究[D]. 重庆：重庆大学，2011.

[112] 周志扬. 形状记忆合金驱动器控制方法的研究[D]. 合肥：中国科学技术大学，2011.

[113] 刘畅，阎石，王伟. 形状记忆合金位置控制系统数值分析与研究[J]. 华中科技大学学报：城市科
学版，2008，(4)：305-308.

[114] 贺志荣，宫崎修一. Ni 含量对 TiNi 形状记忆合金相变行为的影响[J]. 金属学报，1996，32(004)：
351-356.

[115] 贺志荣，王芳，周敬恩. Ni 含量和热处理对 Ti-Ni 形状记忆合金相变和形变行为的影响[J]. 金属

热处理, 2006, 31(009): 17-21.

[116] 李志云, 刘福顺, 徐惠彬. Fe 元素对 TiNi 形状记忆合金相变点和力学性能的影响[J]. 航空学报, 2004, 25(1): 84-87.

[117] 贺志荣, 周敬恩, 宫崎修一. 固溶时效态 Ti-Ni 合金相变行为与 Ni 含量的关系[J]. 金属学报, 2003, 39(6): 617-622.

[118] 沈文罡. 形状记忆合金扭力驱动器基本力学性能研究[D]. 南京: 南京航空航天大学, 2002.

[119] 邱自学. SMA 传感、驱动性能及其结构健康监测技术研究[D]. 南京: 南京理工大学, 2002.

[120] 张平, 周丽, 邱涛. 一种新的柔性蜂窝结构及其在变体飞机中的应用[J]. 航空学报, 2011, 32(001): 156-163.

[121] 颜芳芳, 徐晓东. 负泊松比柔性蜂窝结构在变体机翼中的应用[J]. 中国机械工程, 2012, 23(005): 542-546.

[122] 董二宝. 智能变形飞行器结构实现机制与若干关键技术研究[D]. 合肥: 中国科学技术大学, 2010.

[123] 陶宝祺. 智能材料结构的概念和应用[J]. 国际航空, 1995, (002): 58-61.

[124] 牟常伟. 用于变体机翼的大变形柔性蒙皮构型及性能的初步探究[D]. 南京: 南京航空航天大学, 2010.